中国地质大学(武汉)实验教学系列教材
中国地质大学(武汉)实验技术研究经费资助

工程热力学实验指导书

GONGCHENG RELIXUE SHIYAN ZHIDAOSHU

杨 洋　段男奇　编著

图书在版编目(CIP)数据

工程热力学实验指导书/杨洋,段男奇编著.—武汉:中国地质大学出版社,2023.2
ISBN 978-7-5625-5389-2

Ⅰ.①工… Ⅱ.①杨… ②段… Ⅲ.①工程热力学-实验 Ⅳ.①TK123-33

中国版本图书馆 CIP 数据核字(2022)第 207191 号

工程热力学实验指导书			杨 洋 段男奇 编著
责任编辑:王 敏	选题策划:毕克成 张晓红 王凤林		责任校对:张咏梅
出版发行:中国地质大学出版社(武汉市洪山区鲁磨路388号)			邮政编码:430074
电 话:(027)67883511	传 真:(027)67883580		E-mail:cbb@cug.edu.cn
经 销:全国新华书店			http://cugp.cug.edu.cn
开本:787毫米×1092毫米 1/16		字数:128千字	印张:5
版次:2023年2月第1版		印次:2023年2月第1次印刷	
印刷:武汉市籍缘印刷厂			
ISBN 978-7-5625-5389-2			定价:19.00元

如有印装质量问题请与印刷厂联系调换

目 录

第一章 绪 论 ……………………………………………………………… (1)

第一节 工程热力学实验的地位和作用 …………………………………… (1)

第二节 基本内容和基本要求 ……………………………………………… (2)

第三节 热力学设备认知 …………………………………………………… (4)

第二章 工程热力学实验 ………………………………………………… (11)

第一节 气体比定压热容测定实验 ………………………………………… (11)

第二节 二氧化碳 p-v-t 关系测定及临界状态观察 …………………… (16)

第三节 喷管中气体流动特性测定实验 …………………………………… (22)

第四节 可视性饱和蒸汽压力和温度关系测定实验 ……………………… (30)

第五节 压气机性能实验 …………………………………………………… (33)

第六节 空气绝热指数测定实验 …………………………………………… (37)

第七节 气体流量测定与流量计标定 ……………………………………… (41)

第八节 绝热节流效应的测定 ……………………………………………… (48)

第九节 燃料发热量的测定实验 …………………………………………… (51)

第三章 测量误差与数据处理 …………………………………………… (55)

第一节 测量与误差 ………………………………………………………… (55)

第二节 实验数据处理 ……………………………………………………… (62)

主要参考文献 ……………………………………………………………… (74)

第一章　绪　论

第一节　工程热力学实验的地位和作用

人类在生产和日常生活中,需要利用各种形式的能源。人类社会前进的每一步都和能源的利用息息相关,能源开发和利用技术的进步是人类社会文明发展的重要标志。自然界中可被人们利用的能源主要有煤炭、石油等矿物燃料的化学能,以及风能、水力能、太阳能、地热能、原子能、生物质能等。能源转换、利用的关系如图1-1所示。能量的利用过程实质上是能量的传递和转换过程。据统计,以热能形式被利用的能量占能量利用总量的比例超过85%,在我国,这个比例则在90%以上。因此,热能的开发利用对人类社会发展有着重要意义。

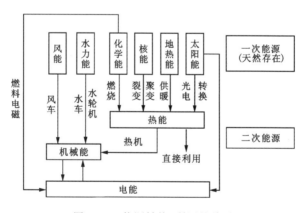

图1-1　能源转换、利用的关系

工程热力学主要研究热能与机械能之间相互转换的规律和方法,以及科学、有效地利用能源和将热能高效地转变成机械能的途径。该课程的主要内容包括工程热力学的基本概念、基本定律(热力学第一定律和第二定律)、常用工质的热力性质、热力过程及热力循环的分析计算、化学热力学基础等。现代生产领域中遇到的大多数技术问题,乃至自然界中的许多现象都与热能的传递和转化有关,而且几乎任何一种形式的能量最终都是以热能的形式耗散于环境之中。同时工程热力学又是能源与动力工程、机械工程、新能源科学与工程、工业工程、核科学与工程、航空航天工程、生物工程等专业的一门重要技术基础课,是培养涉及能源特别是与热能相关的各领域中具有创新能力人才的基础课,也是培养21世纪工科学生科学素质的公共基础课。目前工程热力学所采用的研究方法以宏观研究方法为主,经典热力学仍是解释热现象、分析热过程、指导热能工程实践的最基本、最重要、最有力的"武器"。微观研究方法尽管运用了繁复的数学运算,但所得的理论结果仍不够精确。因而,工程热力学理论是建立在宏观研究方法基础上的,正是由于宏观热力学的基本定律(包括热力学第一定律、热力学第二定律等)均是没有得到严格数学证明的实践总结规律,因而对工程热力学的实践研究就显得尤为重要。

同时,工程热力学课程具有概念繁多、抽象、不易理解的特点。从高等教育本科课程设置情况统计,该课程教学对象多为大学二年级、三年级的本科学生,他们缺乏工程实践经验,尤其是对于机械设计及其自动化专业的学生而言,由于该课程是机械专业新增的一门课程,很多机械专业的学生对该门课程感到很陌生,普遍认为与自己专业相关程度不大,大大地降低了学习的兴趣和动力,这些都使得教学过程更加困难。

实验教学是高等学校实践教学环节的基本内容,是培养基础实、知识宽、能力强、素质高的创新型人才的主阵地,实验教学对提高学生的综合素质、培养学生的创新精神与实践能力具有重要的作用。实验教学是训练学生观察、分析、处理数据,以及完成实验报告等各方面综合能力的保障,是培养学生实践能力、创新能力的重要教学组成部分。实验教学,不仅有助于学生感受和理解理论课所讲授的知识,更重要的是培养学生的实验技能、综合实践能力、科学素养、独立思维及创新能力。工程热力学实验是实现理论与实践结合的重要过程。学生借助实验能够透过现象加深对理论的认识,从而巩固并深化理论知识,开拓创新思维。因此,实验环节对教学及研究的辅助作用显得尤为重要。

工程热力学实验的主要目的和任务如下。

(1)通过对实验现象的观察、分析、研究和对基本物理量的测量,学生可以掌握热力学实验研究的基本知识、基本方法和基本技能。

(2)通过实验实践环节,加强学生对热力学概念的理解和认识,辅助工程热力学课程教学,实践与理论结合可以激发学生对热力学研究内容的兴趣。

(3)培养和提高学生的科学实验素质,包括理论联系实际、实事求是的科学作风,严肃认真、一丝不苟的工作态度,勤奋努力、刻苦钻研的探索精神,遵守纪律、严格执行科学实验操作规程的意识,相互协作、共同探索的团队合作精神。

第二节 基本内容和基本要求

一、基本内容

工程热力学实验内容为热力学工质流动性能测试等实验,辅助以化学热力学实验项目,侧重于对基本理论的强化理解及基本测试技能的锻炼。

在实验教学环节中,应倾向于设置综合性实验及学生自主设计性实验、研究性实验,实验项目应具有较强综合性及一定趣味性,着力激发学生兴趣,培养和提高学生的实际能力、综合素质、创新意识和创新能力。对于动手能力突出、求知欲强的学生,应提供进行研究性实验的条件。实验教学环节,对实验的基本知识、实验目的、实验过程、数据记录与分析、安全规范等方面有着严格的要求,因此对参与实验的学生提出以下要求。

二、基本要求

1. 实验预习

实验预习是进行工程热力学实验的首要步骤。为保证实验教学效果,实验指导教师采用检查、提问等方式对学生的实验预习情况进行检查,达不到要求者将不允许进行实验。

预习内容包括以下两个方面。

(1) 认真学习教材知识,明确实验目的及相关理论知识,了解实验测试内容、步骤、方法和注意事项等。

(2) 按照实验教材指导,完成实验预习报告,包括实验名称、实验日期、实验目的、实验所用主要测试仪器、主要应用原理、实验关键步骤、注意事项等,设计完成实验记录表格。

2. 实验操作

(1) 进入实验室后,按照实验室规定,按学号和实验座位号(或仪器编号)进行分组,填写"仪器使用及维护情况记录"等实验室登记簿。

(2) 实验指导教师将对基本实验环节进行讲解,实验学生应对照实验台上的实验设备认真听讲,了解实验仪器构造、工作原理及操作方法,确认掌握实验仪器的正确操作方法和实验操作步骤。

(3) 在实验指导教师检查实验预习报告并认定合格后,经实验指导教师同意,实验学生可进行实验操作,在达到实验要求的测试条件后,需准确记录测试数据。

(4) 在实验测试结束后,所记录的实验数据须经实验指导教师检查合格并签字,没有实验指导教师签字的数据将被视为无效数据,不能用于编写实验报告。实验测试记录的数据为实验原始数据,一经确认签字,不得进行更改。

(5) 实验测试数据经指导教师检查合格后,学生应将实验仪器、桌椅等实验室设备整理复原。经教师同意,学生方可离开实验室。

(6) 具体要求还包括认真阅读并严格遵守实验室规程,注意实验室水电等涉及安全事项的操作要求,确保操作安全。

三、编写实验报告

实验报告是对实验过程的全面总结,是交流实验经验、推广实验成果的媒介。正确处理实验数据并完成实验报告,是实验教学环节中提高学生科学研究总结能力、发现问题并解决问题能力的关键步骤,因而认真完成实验报告,才是真正完成了整个实验。写实验报告要以简明扼要的形式将实验结果完整、准确地表达出来,这也是进行科学实验素质培养的必要内容之一。

实验报告要求文字通顺,字迹清晰,叙述简练,数据真实、齐全,表格规范。对于数据处理,学生要通过多次实践和训练,逐步掌握正确处理数据的方法。

完整的实验报告主要包括以下几点。

(1)实验名称、日期、学号、班级、姓名。

(2)实验目的与要求。

(3)主要仪器的名称、规格、编号。

(4)基本原理与主要公式:列出实验所依据的主要原理、基础理论及计算公式,应掌握公式中各物理量的含义、公式应用范围等。

(5)实验主要内容及简要步骤。

(6)实验数据表格与数据处理:将原始数据重新整理,根据误差理论认真进行数据处理,绘制出相应的实验曲线,并计算得到正确表述的实验结果。

(7)结果分析及讨论:对实验结果进行综合分析、讨论,完成思考题及教师布置的习题。通过分析讨论发现在测量与数据处理中出现的问题,对实验中发现的现象进行解释,对实验装置及测试方法提出改进意见等。

鼓励学生积极发挥主观能动性,积极思考,进行观测和分析,探讨更优的实验方案,不断改进实验方法,增强自己的动手能力。任何在实践过程中解决的问题,都会教给学生在书中、课堂上无法获得的经验,对他们的成长将大有裨益。

第三节 热力学设备认知

一、实验目的

(1)了解热力设备的基本原理、主要结构及各部件的用途。

(2)认识热力设备在工程热力学中的重要地位、热功转换的一般规律,以及热力设备与典型热力循环的联系。

二、热力设备在工程热力学课程中的重要地位

工程热力学是研究热能与机械能之间相互转换的规律和工质的热力性质的一门科学,这就必然涉及一些基本的热力设备(或称为热动力装置),如内燃机、制冷机、蒸汽动力装置、燃气轮机等。了解这些热力设备的基本原理、主要结构和各部件的功能,对正确理解工程热力学基本概念、基本定律十分必要。工程热力学中涉及的各循环都是通过热力设备来实现的,如活塞式内燃机有3种理想循环:定容加热循环、定压加热循环和混合加热循环;蒸汽动力装置有朗肯循环;燃气轮机有定压加热循环和回热循环;制冷设备有蒸汽压缩制冷循环、蒸汽喷射制冷循环等。卡诺循环则是由两个等温过程和两个绝热过程组成的可逆循环,可以证明,所有实际循环的效率都低于同样条件下卡诺循环的效率。卡诺定理阐明了热机效率的限制,指出了提高热机效率的方向。因此,对这些热力设备的工作原理和基本特性有一个初步了解,对一些抽象概念有一个感性认识,能够加深对热力学基本定律的理解,掌握一些重要问题(比如可逆和不可逆)的实质,有助于学好工程热力学这门课程。

三、各种热力设备的基本结构与原理

1. 内燃机

内燃机是一种动力机械,是通过使燃料在机器内部燃烧,并将其放出的热能直接转换为动力的热力发动机,具有质量轻、体积小、使用方便的特点。广义上的内燃机不仅包括往复活塞式内燃机、旋转活塞式内燃机和自由活塞式内燃机,也包括旋转叶轮式的喷气式内燃机,但通常所说的内燃机是指活塞式内燃机。

活塞式内燃机以往复活塞式最为普遍。活塞式内燃机将燃料和空气混合,在其气缸内燃烧,释放出的热能使气缸内产生高温高压的燃气。燃气膨胀推动活塞做功,再通过曲柄连杆机构或其他机构将机械功输出,驱动从动机械工作。活塞式内燃机按照使用的燃料不同分为柴油内燃机和汽油内燃机等。以两冲程柴油内燃机为例,其基本结构如图1-2所示。

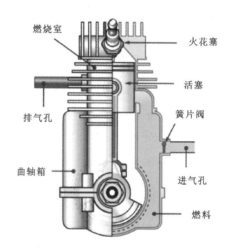

图1-2 两冲程柴油内燃机结构图

内燃机的工质为燃料燃烧所生成的高温燃气。根据燃料开始燃烧的方式不同可分为点燃式和压燃式:点燃式是在气缸内的可燃气体压缩到一定压力后由电火花点燃燃烧;压燃式是气缸内的空气经压缩,其温度升高到燃料自燃温度后,喷入适量燃料,燃料便会自发地燃烧。压燃式内燃机的工作过程分为吸气、压缩、燃烧、膨胀及排气几个阶段。吸气开始时,进气孔打开,活塞向下运动把空气吸入气缸。活塞到达下死点时,进气孔关闭,吸气过程结束。活塞上行,进气孔和排气孔同时关闭,活塞向上运动压缩气缸内的空气,空气温度与压力不断升高,直到活塞到达上死点时,压缩过程结束。这时,气缸内的空气温度已超过燃料自燃温度,向气缸内喷入适量燃料,燃料便发生燃烧。燃烧过程进行得很快,随着燃烧产生的高温气体膨胀,推动活塞向下运动带动曲轴做出机械功。当活塞到达下死点时,排气孔打开,气缸内的高温高压燃气通过排气孔排至大气,活塞向上运动将气缸内的剩余气体推出气缸,当活塞到达上死点时排气过程结束,完成一个循环。随着活塞的上下运动,内燃机实现了燃料的化学能转变为机械能的过程。

汽油内燃机的工作过程基本上与柴油内燃机差不多，不同之处在于汽油内燃机的汽油须预先在化油器内蒸发汽化并与空气混合后一起吸入气缸，压缩过程结束后由电火花点燃燃烧。其他过程与柴油内燃机完全相同。

图1-3为四冲程汽油内燃机工作原理示意图。四冲程汽油内燃机工作过程包括进气、压缩、燃烧做功、排气4个冲程，4个冲程完成一个工作循环。

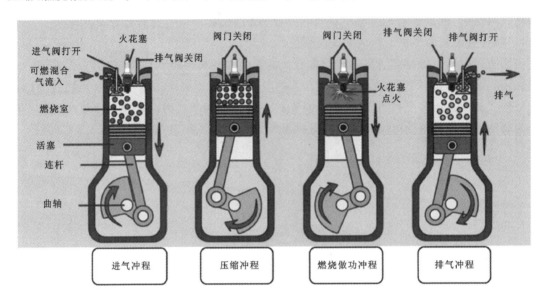

图1-3 四冲程汽油内燃机工作原理示意图

(1)进气冲程。进气阀打开，排气阀关闭，活塞下降，吸进空气和燃料组成的混合气。

(2)压缩冲程。进气阀和排气阀都关闭，活塞上升，压缩混合气。在此过程中，机械能转化为内能。

(3)燃烧做功冲程。进、排气阀继续关闭，火花塞点火燃烧燃料，活塞下压做功。在此过程中，化学能转化为内能，再转化为机械能。

(4)排气冲程。活塞上升，进气阀关闭，排气阀打开，废气排出。

2.蒸汽动力装置

图1-4为蒸汽动力装置示意图。它由锅炉、汽轮机、冷凝器及锅炉给水泵4个部分组成。

水蒸气是蒸汽动力装置的工作物质，称为工质。锅炉是水蒸气的发生器。从锅炉产生的高温高压的过热蒸汽被送往蒸汽轮机做功。如图1-4所示，在蒸汽轮机中，蒸汽先在喷管中降压膨胀增加流速，然后以高速冲击涡轮叶片，推动转子转动，使蒸汽轮机输出机械功，驱动发电机发电。从汽轮机排出的乏汽进入冷凝器。在冷凝器中，蒸汽因被冷却水吸走热量而凝结成水，其容积骤然降为原容积的数千分之一，因而在冷凝器中及汽轮机出口处造成很高的真空。当蒸汽在汽轮机中膨胀到这么低的压力时，蒸汽能推动涡轮做更多的机械功。从冷凝器出来的冷凝水被给水泵加压后，重新送回锅炉加热产生蒸汽。

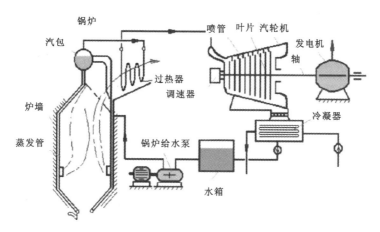

图 1-4 蒸汽动力装置示意图

在锅炉中,供燃料燃烧用的空气从大气中吸入后,先在锅炉的空气预热器中加热提高温度,然后送入炉膛和燃料混合并进行燃烧,把燃料的化学能转变成热能,产生高温烟气。由于高温烟气的加热,进入锅炉的水先在省煤器中受热升高温度,然后进入汽锅中受热蒸发而生成水蒸气,再进入过热器受热升高温度成为过热水蒸气。于是过热水蒸气又可被送往汽轮机膨胀做功,重复上述循环工程。在蒸汽动力装置中,汽轮机是实现热转化为功的设备。

3. 燃气轮机装置

燃气轮机装置是近30年发展起来的新型动力装置,具有功率大、质量轻、体积小的优点,被广泛应用于航空发动机和舰艇发动机,近年来逐渐被应用于发电及其他部门。如图1-5所示,燃气轮机装置由压缩器、换热器、燃烧室及涡轮4个部分组成。燃气轮机的工质是燃料燃烧生成的气体。工作时,燃气轮机的压缩器从大气中吸入空气,然后,压缩器逐级

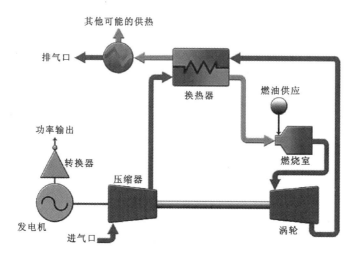

图 1-5 微型燃气涡轮发动机原理

压缩空气使之增压,同时,空气温度也相应提高。压缩后的空气被送入燃烧室,一部分空气和喷入的燃料一起燃烧,另一部分空气被用来和高温燃气混合以降低工质温度,从而使工质温度和燃气轮机叶片允许的最高工作温度相适合。然后工质流入涡轮机中膨胀而推动转子做出机械功,其工作原理与汽轮机相同,做功后的废气则直接排到大气中。

还有一种燃气轮机装置,它以氦或氢为工质,在压缩升压后采用外部加热工质,使之膨胀做功,然后工质在冷却器中放热从而完成工作循环。这类装置称为闭式循环燃气轮机装置,相应地前一种可称为开式循环燃气轮机装置。

由于在定压加热燃气轮机装置中,排气温度往往高于燃烧室进口处高压空气的温度,因此可以采用回热器,用燃气轮机排出的高温废气预热供入燃烧室的高压空气,以减少燃料消耗,提高热效率。这种循环称为燃气轮机回热循环,如图1-6所示。

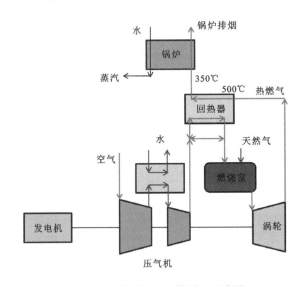

图1-6 燃气轮机回热循环示意图

另外,为了提高燃气轮机的热效率,增加输出净功,可采用多级压缩中间冷却的回热循环和具有多级膨胀及中间再热的回热循环。这种循环的装置结构复杂、体积庞大,故适用意义不大,这里不再赘述。

4. 制冷装置

在热力工程领域,除了各种热能动力装置外,还有一类重要的热力装置。它被用于实现从温度较低的物体吸出热量进而释放给温度较高的自然环境,从而使物体的温度降低到环境温度以下并维持低温,称为制冷装置。这里所说的制冷是相对于环境温度而言的。一桶开水置于空气中,逐渐冷却成常温水,这一过程是自发地传热降温,不是制冷(只有用一定的方式将水冷却到环境温度以下,才可称为制冷)。

制冷装置中使用的工质称为制冷剂。制冷剂在制冷机中循环流动,不断地与外界发生能量交换,即不断地从被冷却对象中吸取热量,向环境介质排放热量,制冷剂的状态发生变化,这种综合过程称为制冷循环。为了实现制冷循环,必须消耗能量,能量可以是机械能、电能、热能、太阳能及其他形式的能量。制冷方法可分为输入功实现制冷和输入热量实现制冷,电冰箱、空调器等都是输入功实现制冷。

制冷机从低温热源吸热,向高温热源放热,制冷机消耗功。如图 1-7 所示,这是一个逆卡诺循环,或称逆向循环(卡诺循环是从高温热源吸热,向低温热源放热)。逆向循环不仅可以用来制冷,还可以把热能释放给某物体或空间,使之温度升高。后一种逆向循环系统称为热泵。制冷机和热泵在热力学上并无区别,因为它们的工作循环都是逆向循环,区别仅在于使用目的。逆向循环具有从低温热源吸热、向高温热源放热的特点。当使用目的是从低温热源吸收热量时,系统称为制冷机,如电冰箱;当使用目的是向高温热源释放热量时,系统称为热泵。在许多场合,同一台机器在一些时候用作制冷机,在另一些时候用作热泵,如空调器,夏季制冷,冬季制热。

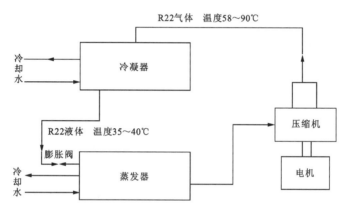

图 1-7 制冷机的工作原理

制冷装置根据所用工质不同可分为空气压缩制冷装置和蒸汽压缩制冷装置。蒸汽压缩制冷装置是最常用的一种制冷设备。其工质是氟里昂或氨等。图 1-8 为蒸汽压缩制冷装置简图。

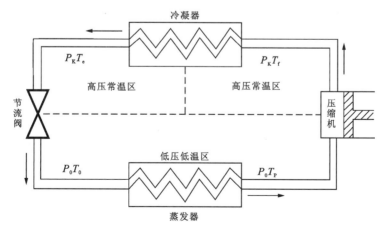

图 1-8 蒸汽压缩制冷装置简图

四、思考题

(1) 简述各种热力设备的工作原理和基本结构,画出设备简图。

(2) 简述各种热力设备中工质的循环过程。

(3) 热力设备是否都需要用工质才能工作?为什么?

(4) 上述热力设备常用于什么地方?

第二章 工程热力学实验

第一节 气体比定压热容测定实验

一、实验目的

(1) 增强热物性实验研究方面的感性认识，促进理论联系实际，了解气体比热容测定的基本原理和构思。
(2) 熟悉本实验中所涉及的各种参数（温度、压力、流量）的测量方法。
(3) 掌握由实验数据计算出比热容数值和比热容关系式的方法。
(4) 分析实验产生误差的原因及减小误差的可能途径。

二、实验原理

由热力学第一定律的能量方程式及比焓的全微分关系，可知，气体比定压热容的定义式为

$$c_p = \left(\frac{\partial h}{\partial T}\right)_p \tag{2-1}$$

式中：h 为气体的比焓(J/kg)；T 为气体的热力学温度(K)；c_p 为气体比定压热容[J/(kg·K)]。

由热力学第一定律可知，在没有对外界做功的气体定压流动过程中，且位能和动能的变化可以忽略不计时，气体焓值的变化 $\mathrm{d}h = \dfrac{\mathrm{d}Q_p}{M}$，此时气体的比定压热容可表示为

$$c_p = \frac{1}{M}\left(\frac{\partial Q}{\partial T}\right)_p \tag{2-2}$$

当气体在此定压过程中由温度 t_1 被加热至 t_2 时，气体在此温度范围内的平均比定压热容 c_p 可由下式确定：

$$c_p\Big|_{t_1}^{t_2} = \frac{Q_p}{M(t_2-t_1)} = \frac{Q_p}{M\Delta T} \tag{2-3}$$

式中：M 为气体的质量流量(kg/s)；Q_p 为气体在定压流动过程中由温度 t_1 被加热至 t_2 时所吸收的热量(W)；ΔT 为气体定压流动过程中的温升(K)。

这样，如果能准确测出气体定压流动过程的温升 ΔT、质量流量 M 和加热量 Q_p，即可求得气体在 ΔT 温度范围内的平均比定压热容 c_p。

大气是含有水蒸气的湿空气。当湿空气由温度 t_1 被加热至 t_2 时，其中的水蒸气也要吸

收热量,这部分热量要根据湿空气的相对湿度来确定。如果计算干空气的比热容,必须从加热给湿空气的热量中扣除这部分热量,剩余的才是干空气的吸热量。

低压气体的比热容通常用温度的多项式表示,例如空气比热容的实验关系式为 $c_p = 1.023\ 19 - 1.760\ 19 \times 10^{-4} T + 4.024\ 02 \times 10^{-7} T^2 - 4.872\ 68 \times 10^{-16} T^3$。式中,$T$ 为绝对温度(K)。此式可用于 250~600K 范围的空气,平均偏差为 0.03%,最大偏差为 0.28%。

在距室温不远的温度范围内,空气的比定压热容与温度的关系可近似认为是线性的,即可近似地表示为

$$c_p = A + Bt \tag{2-4}$$

由温度 t_1 加热到 t_2 的平均比定压热容则为

$$c_p \Big|_{t_1}^{t_2} = \int_{t_1}^{t_2} \frac{A+Bt}{t_2-t_1} dt = A + B\frac{t_1+t_2}{2} = A + Bt_m \tag{2-5}$$

这说明,此时气体的平均比定压热容等于平均温度 $t_m = (t_1+t_2)/2$ 时的比定压热容。因此,可以对某一气体在 n 个不同的平均温度 $t_{m,i}$ 下测出其比定压热容 $c_{p,i}$,然后根据最小二乘法原理,确定:

$$A = \frac{\sum t_{m,i} c_{p,i} \sum t_{m,i} - \sum c_{p,i} \sum t_{m,i}^2}{(\sum t_{m,i})^2 - n\sum t_{m,i}^2} \tag{2-6}$$

$$B = \frac{\sum t_{m,i} \sum c_{p,i} - n\sum t_{m,i} c_{p,i}}{(\sum t_{m,i})^2 - n\sum t_{m,i}^2} \tag{2-7}$$

从而便可得到比热容的实验关系式。

三、实验装置

整个实验装置由风机、流量计、测试比热容仪器本体、电功率调节系统及测量系统组成,如图 2-1 所示。

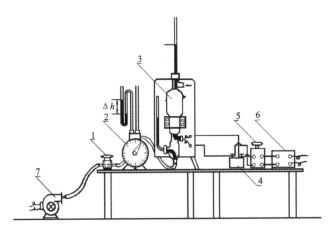

1.节流阀;2.流量计;3.比热容仪器本体;4.瓦特表;5.调压变压器;6.稳压器;7.风机。

图 2-1 实验装置示意图

实验时,被测空气(或其他气体)由风机经流量计送入比热容仪本体,经加热、均流、旋流、混流、测温后流出。在此过程中,分别测量:空气在流量计出口处的干球温度 t_0、湿球温度 t_w(由于是湿式气体流量计,实际为饱和状态)、气体经比热仪主体的进口温度 t_1、出口温度 t_2、气体的体积流量 V、电热器的输入功率 N、实验时的大气压力 p_b 和流量计出口处的表压 Δh (mmH$_2$O)。根据上述数据,并获得相应的物性参数,即可计算出被测气体的比定压热容 c_p。

气体流量由节流阀控制,气体出口温度由输入电加热器的功率来调节。比热容仪器本体如图 2-2 所示。该比热容仪器可测量 300℃ 以下气体的比定压热容。

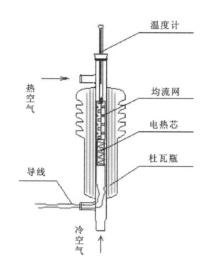

图 2-2 比热容仪器本体图

四、实验步骤

(1)将流量计调水平,按图 2-1 所示接通电源和测量仪表。

(2)开动风机,调节节流阀,使流量保持在额定值附近,测出湿式气体流量计出口处的干球温度 t_0 和湿球温度 t_w。

(3)调节湿式气体流量计,使它保持在额定值附近。调节电压,开始加热,加热功率的大小取决于气体流量和气流进出口温度差,可依据式(2-8)预先估计所需电功率。

$$N \approx 12 \frac{\Delta t}{\tau} \qquad (2-8)$$

式中:N 为电热器输入功率(W);Δt 为比热容仪器本体进出口温度差(℃);τ 为每流过 10L 空气所需要的时间(s)。

(4)待出口温度稳定后(出口温度在 10min 内无变化或有微小变化,即可视为稳定),即可采集下列所需的实验数据,并将实验数据记录在表 2-1 中:①每 10L 气体通过流量计时所需的时间 τ(s);②比热容仪器的进口温度(也即流量计的出口温度)t_1(℃);③比热容仪器的出口温度 t_2(℃);④大气压力 p_b(mmHg)和流量计出口处的表压力 Δh(mmH$_2$O);⑤电加热器的输入功率(即功率表读数)N(W)。

表 2－1 实验数据记录表

大气压力 p_b：　　　　mmHg

组号	测量值						
	干球温度 t_0/℃	湿球温度 t_w/℃	比热仪进口温度 t_1/℃	比热仪出口温度 t_2/℃	电热器输入功率 N/W	出口表压 Δh/mmH$_2$O	所需时间 τ/s
1							
2							
3							
4							

(5)完成上述步骤后,改变加热功率,重复步骤(1)~(4),测得不同出口温度 t_2 下的实验数据(至少 4 组以上),在允许的时间内可多做几次实验。t_2 可分别设定为 40℃、60℃、80℃、100℃ 或 100℃、120℃、140℃、160℃ 等。

五、数据处理

(1)根据流量计出口处空气的干球温度 t_0 和湿球温度 t_w,在干湿球温度计上读出空气的相对湿度 φ,再从湿空气的焓湿图上查出湿空气的含湿量 d(g/kg 干空气),计算出水蒸气的容积成分 r_w：

$$r_w = \frac{d/622}{1+d/622} \tag{2-9}$$

(2)根据电热器消耗的电功率,即可算出电热器单位时间放出的热量：

$$\dot{Q} = \frac{N}{4.1868 \times 10^3} \tag{2-10}$$

(3)干空气流量(质量流量)为

$$\dot{G}_g = \frac{P_g \dot{V}}{R_g T_0} = \frac{(1-t_w)(p_b + \Delta h/13.6) \times 10^4/735.56 \times 10/1000\tau}{29.27(t_0 + 273.15)}$$

$$= \frac{4.6447 \times 10^{-3}(1-t_w)(p_b + \Delta h/13.6)}{\tau(t_0 + 273.15)} \tag{2-11}$$

式中,R_g 为干空气的气体常数,取值为 287J/(kg·K)。

(4)水蒸气流量为

$$\dot{G}_w = \frac{P_w \dot{V}}{R_w T_0} = \frac{t_w(p_b + \Delta h/13.6) \times 10^4/735.56 \times 10/1000\tau}{47.06(t_0 + 273.15)}$$

$$= \frac{2.8889 \times 10^{-3} t_w(p_b + \Delta h/13.6)}{\tau(t_0 + 273.15)} \tag{2-12}$$

(5)水蒸气吸热量为

$$Q_w = \dot{G}_w \int_{t_1}^{t_2} (0.1101 + 0.0001167 t)dt$$

$$= \dot{G}_w [0.4404((t_2 - t_1) + 0.00005835(t_2^2 - t_1^2)] \tag{2-13}$$

(6)干空气比定压热容为

$$c_p\Big|_{t_1}^{t_2} = \frac{Q_g}{\dot{G}_g(t_2-t_1)} = \frac{Q-Q_w}{\dot{G}_g(t_2-t_1)} \qquad (2-14)$$

(7)计算举例。假定某一稳定工况的实测参数如下:

$t_a=8℃$; $\qquad t_w=7.5℃$; $\qquad B=748.0$mmHg;
$t_1=8℃$; $\qquad t_2=240.3℃$; $\qquad \tau=69.96$s/10L;
$\Delta h=16$mmH$_2$O; $\qquad N=41.84$W

查焓湿图得 $d=6.3$g(g/kg 干空气)(相对湿度 $\varphi=94\%$):

$$r_w = \frac{6.3/622}{1+6.3/622} = 0.010\ 027$$

$$\dot{Q} = \frac{41.84}{4.186\ 8\times 10^3} = 9.993\ 8\times 10^{-3} \text{(kcal/s)}$$

$$\dot{G}_g = \frac{4.644\ 7\times 10^{-3}(1-0.010\ 027)(748+16/13.6)}{69.96(8+273.15)} = 175.14\times 10^{-6} \text{(kg/s)}$$

$$\dot{G}_w = \frac{2.888\ 9\times 10^{-3}\times 0.010\ 027(748+16/13.6)}{69.96(8+273.15)} = 1.103\ 3\times 10^{-6} \text{(kg/s)}$$

$$\dot{Q}_w = 1.103\ 3\times 10^{-6}[0.440\ 4(240.3-8) + 0.000\ 058\ 35(240.3-8^2)]$$
$$= 0.116\ 6\times 10^{-3} \text{(kcal/s)}$$

$$c_p\Big|_{t_1}^{t_2} = \frac{9.993\ 8\times 10^{-3} - 0.116\ 6\times 10^{-3}}{175.14\times 10^{-6}(240.3-8)} = 0.242\ 8 [\text{kcal/(kg·℃)}]$$

六、比热容随温度的变化关系

式(2-5)给出了空气的真实比定压热容与温度之间的线性关系。因此,若以 $\frac{t_2+t_1}{2}$ 为横坐标、$c_p\Big|_{t_1}^{t_2}$ 为纵坐标(图2-3),则可根据不同的温度范围内的平均比热容确定截距 A 和斜率 B,从而得出比热容随温度变化的计算式。

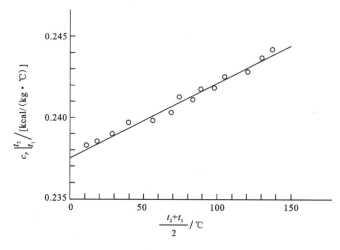

图 2-3 比定压热容与温度的关系

七、实验报告要求

(1) 简述实验原理，简介实验装置和测量系统并画出简图。

(2) 填写实验原始数据记录表，记录计算过程及计算结果。

(3) 将实验结果表示在 c_p-t_m 的坐标图上，用式(2-6)和式(2-7)确定 A、B，确定平均比定压热容与平均温度的关系式[式(2-5)]和比定压热容与温度的关系式[式(2-4)]。

(4) 对实验结果进行分析和讨论。

八、注意事项

(1) 切勿在无气流通过的情况下使电热器投入工作，以免引起局部过热而损坏比热容仪器本体。

(2) 输入电热器的电压不得超过 220V。气体出口最高温度不得超过 300℃。

(3) 实验前请检查加湿器是否装有水。

(4) 加热和冷却要缓慢进行，防止温度计和比热仪主体因温度骤增骤降而破裂。

(5) 停止实验时，应切断电热器，让风机继续运行 15min 左右（温度较低时可适当缩短时间）。

九、思考题

(1) 如何在实验方法上考虑消除电加热器热损失的影响？

(2) 用实验结果说明加热器的热损失对实验结果的影响是怎样的。

(3) 测定湿空气的干球、湿球温度时，为什么要在湿式流量计的出口处测量而不直接在空气中测量？

(4) 在图 2-1 所示的实验装置中，把湿式流量计连接位置改在比热容仪器的出口处，是否合理？为什么？

第二节　二氧化碳 p-v-t 关系测定及临界状态观察

一、实验目的

(1) 了解 CO_2 临界状态的观测方法，增加对临界状态概念的感性认识。

(2) 增加对课堂所讲的工质热力状态、凝结、汽化、饱和状态等基本概念的理解。

(3) 掌握 CO_2 的 p-v-t 关系的测定方法，学会用实验测定实际气体状态变化规律的方法和技巧。

(4) 学会活塞式压力计、恒温器等热工仪器的正确使用方法。

二、实验内容

(1) 测定 CO_2 的 p-v-t 关系。在 p-v 坐标系中绘出低于临界温度($t=20℃$)、临界温度($t=31.1℃$)和高于临界温度($t=50℃$)的 3 条等温曲线,并与标准实验曲线及理论计算值比较,分析产生差异的原因。

(2) 测定 CO_2 在低于临界温度($t=20℃$、$27℃$)时饱和温度与饱和压力之间的对应关系,并与图中绘出的 t_s-p_s 曲线比较。

(3) 观测临界状态:①气液乳光;②临界状态附近气、液两相模糊的现象;③气液整体相变现象;④测定 CO_2 的 p_c、v_c、t_c 等临界参数,并将实验所得的 v_c 值与理想气体状态方程和范德瓦尔方程的理论值比较,简述产生差异的原因。

三、实验装置及原理

整个实验装置由测量仪表、手动油压机和实验台本体及恒温水浴四大部分组成(图 2-4)。实验台本体如图 2-5 所示。

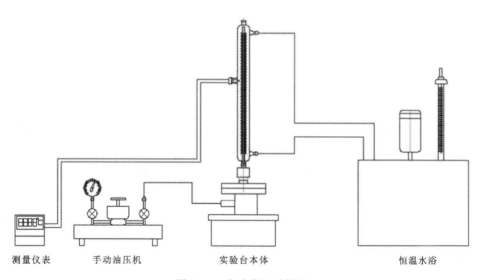

图 2-4 实验装置系统图

对于简单可压缩热力系统,当工质处于平衡状态时,其状态参数 p、v、t 之间的关系为

$$F(p,v,t)=0 \text{ 或 } t=f(p,v) \tag{2-15}$$

本实验就是根据式(2-15),采用定温方法来测定 CO_2 的 p-v-t 关系,找出 CO_2 的 p-v-t 关系。

实验中,由压力台送来的压力油传入高压容器和玻璃杯上半部,迫使水银进入预先装有 CO_2 气体的承压玻璃管容器。CO_2 被压缩,其压力和容积通过压力台上的活塞杆的进退调节,温度则由恒温器供给的水套里的水温调节。

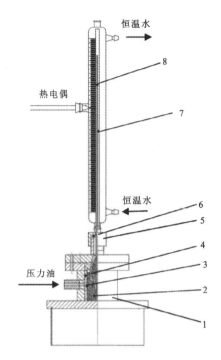

1.高压容器;2.水银;3.玻璃杯;4.压力油;5.填料压盖;6.密封填料;7.承压玻璃;8.CO_2 空间。

图 2-5　实验台本体

实验工质 CO_2 的压力值由装在压力台上的压力表读出(如要提高精度,可由加在活塞转盘上的平衡砝码读出,并考虑水银柱高度的修正)。温度由插在恒温水套中的温度计读出。比容首先由承压玻璃管内 CO_2 柱的高度来测量,而后再根据承压玻璃管内径均匀、截面面积不变等条件来换算得出。

四、实验步骤

(1)按图 2-4 所示安装好实验设备,并开启实验本体上的日光灯(目的是易于观察)。

(2)恒温器准备及温度调节。

①把水注入恒温器内,注至距离盖口 30～50mm 处为止。检查并接通电路,开启电动给水泵,使水循环对流。

②使用电接点温度计时,旋转电接点温度计顶端的帽形磁铁,调动凸轮示标,使凸轮上端面与所要调定的温度一致,再将帽形磁铁用横向螺钉锁紧,以防转动。使用电子控温装置时,按面板温度调节装置调整温度点。

③视水温情况,开、关加热器,当水温未达到要调定的温度时,恒温器指示灯是亮的;当指示灯时亮时灭闪动时,说明温度已达到所需要的恒温。

④观察玻璃水套上的温度计,若其读数与恒温器上的温度计及电接点温度计标定的温度一致(或基本一致)时,则可(近似)认为承压玻璃管内 CO_2 的温度处于所标定的温度。

⑤当需要改变实验温度时,重复步骤②~④即可。

注:当初始水温高于实验设定温度时,可加冰进行降温。

(3)加压前的准备。因为压力台的油缸容量比容器容量小,需要多次从油杯里抽油,再向主容器管充油,才能在压力表上显示压力读数。压力台抽油、充油的操作过程非常重要,若操作失误,不但加不上压力,还会损坏实验设备。所以,学生务必认真掌握。其步骤如下。

①关压力表及其进入实验台本体油路的各个阀门,开启压力台油杯上的进油阀。

②摇退压力台上的活塞螺杆,直至螺杆全部退出。此时,压力台油缸中抽满了油。

③先关闭油杯阀门,然后开启压力表和进入本体油路的两个阀门。

④摇进活塞螺杆,使本体充油。如此交复,直至压力表上有压力读数为止。

⑤再次检查油杯阀门是否关好、压力表及本体油路阀门是否开启。若均已调定,即可进行实验。

(4)做好实验的原始记录及注意事项。

①设备数据记录:仪器、仪表的名称、型号、规格、量程、精度。

②常规数据记录:室温、大气压力、实验环境情况等。

③测定承压玻璃管内 CO_2 质面比常数值:由于充进承压玻璃管内的 CO_2 质量不便测量,而玻璃管内径或截面积(A)又不易测准,因而实验中采用间接办法来确定 CO_2 的比容,认为 CO_2 的比容 v 与其高度是一种线性关系,具体方法如下。

A. 已知 CO_2 液体在 20℃、9.8MPa 时的比容 $v(20℃、9.8MPa)=0.00117(m^3/kg)$。

B. 实际测定实验台在 20℃、9.8MPa 时的 CO_2 液柱高度 $\Delta h(m)$(注意玻璃管水套上刻度的标记方法)。

C. 由于 $v(20℃、9.8MPa)=\dfrac{\Delta h A}{m}=0.00117(m^3/kg)$,则有 $\dfrac{m}{A}=\dfrac{\Delta h}{0.00117}=K(kg/m^2)$,式中,$K$ 为玻璃管内 CO_2 的质面比常数。

所以,在任意温度、压力下 CO_2 的比容为

$$v=\frac{\Delta h}{m/A}=\frac{\Delta h}{K}, \Delta h=h-h_0 \quad (2-16)$$

式中:h 为任意温度、压力下水银柱的高度(mm);h_0 为承压玻璃管内径顶端高度(mm)。

(5)测定低于临界温度 $t=20℃$ 时的等温线。

①将恒温器调定在 $t=20℃$,并保持恒温。

②压力从 4.41MPa 开始,当玻璃管内水银柱升起来后,应足够缓慢地摇进活塞螺杆,以保证等温条件。否则,压力将来不及平衡,使读数不准。

③按照适当的压力间隔取 h 值,直至压力 $p=9.8MPa$。

④注意加压后 CO_2 的变化,特别是注意饱和压力与饱和温度之间的对应关系,以及液化、汽化等现象。要将测得的实验数据和观察到的现象一并填入表 2-2。

⑤测定 $t=25℃$、27℃ 时其饱和温度与饱和压力的对应关系。

(6)测定临界参数,并观察临界现象。

①按上述方法和步骤测出临界等温线,并在该曲线的拐点处找出临界压力 p_c 和临界比容 v_c,并将数据填入表 2-2。

②观察临界现象。

A. 整体相变现象。由于在临界点时，气化潜热等于零，饱和气线与饱和液线合于一点，这时气、液的相互转变不像临界温度以下时那样逐渐积累，需要一定的时间，表现为渐变过程，当压力稍稍变化时，气、液以突变的形式相互转化。

B. 气、液两相模糊不清的现象。处于临界点的 CO_2 具有共同参数 (p,v,t)，因而不能区别此时 CO_2 是气态还是液态。如果说它是气体，那么，这个气体是接近液态的气体；如果说它是液体，那么，这个液体又是接近气态的液体。下面就用实验来证明这个结论。

因为这时处于临界温度下，如果按等温线过程进行，使 CO_2 压缩或膨胀，那么，管内是什么也看不到。现在，我们按绝热过程来进行。首先在压力等于 7.64MPa 附近，突然降压，CO_2 状态点由等温线上临界点沿绝热线下降，管内 CO_2 出现明显的液面。这就说明，如果这时管内的 CO_2 是气体，那么，这种气体离液区很接近，可以说是接近液态的气体；当 CO_2 在膨胀之后，突然被压缩时，这个液面又立即消失了，这就说明此时 CO_2 液体离气体区也是非常接近的，可以说是接近气态的液体。此时的 CO_2 既接近气态，又接近液态，所以能处于临界点附近。这就是临界点附近，饱和气、液模糊不清的现象。

（7）测定高于临界温度 $t=50℃$ 时的等温线，将数据填入表 2-2。

表 2-2 CO_2 等温实验原始记录

$t=20℃$				$t=31.1℃$（临界）				$t=50℃$			
p/MPa	Δh	$v=\Delta h/K$	现象	p/MPa	Δh	$v=\Delta h/K$	现象	p/MPa	Δh	$v=\Delta h/K$	现象
记录作出 3 条等温线所需的时间											
min				min				min			

五、实验结果处理和分析

（1）仿照图 2-6，将表 2-2 中的数据在 $p-v$ 坐标系中画出 3 条等温线。

（2）将实验测得的等温线与图 2-6 所示的标准等温线比较，并分析它们之间的差异及其原因。

（3）将实验测得的饱和温度与压力的对应值与图 2-7 给出的 t_s-p_s 曲线比较。

（4）将实验测定的临界比容 v_c 与理论计算值一并填入表 2-3，并分析它们之间的差异及其原因。

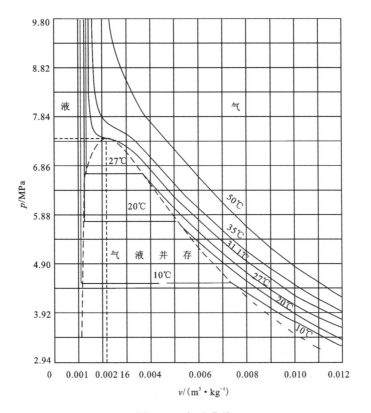

图 2-6 标准曲线

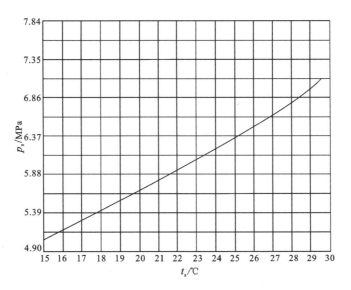

图 2-7 t_s-p_s 曲线

表 2-3 临界比容 v_c 单位：m^3/kg

标准值	实验值	$v_c = \dfrac{Rt_c}{p_c}$	$v_c = \dfrac{3Rt_c}{8p_c}$
0.002 16			

六、注意事项

(1) 除当 $t=20℃$ 时，需加压到绝对压力 10MPa（表压 9.9MPa）外，其余各等温线均在 5～9MPa 间测出 h 值，表压不得超过 10MPa，温度不应超过 60℃。

(2) 一般压力间隔可取 0.20～0.50MPa，接近饱和状态和临界状态时，压力间隔适当取小些。

(3) 加压过程应足够缓慢以实现准平衡过程，卸压时应逐渐旋转压力泵手柄，绝对不可直接打开油杯阀卸压。

(4) 实验完毕，将仪器设备擦净。

(5) 遇到疑难或异常情况应及时询问指导教师，不得擅自违章处理。

七、思考题

(1) 简述实验原理及过程。

(2) 分析比较等温曲线的实验值与标准值之间的差异及其原因。分析比较临界比容的实验值与标准值和理论计算之间的差异及其原因。

第三节 喷管中气体流动特性测定实验

一、实验目的

(1) 巩固和验证有关气体在喷管内流动的基本理论，掌握气流在喷管中流速、流量、压力的变化规律，加深对临界状态参数、背压、出口压力等基本概念的理解。

(2) 测定不同工况（$p_b > p_{cr}$，$p_b = p_{cr}$，$p_b < p_{cr}$）下，气流在喷管内的质量流量 q_m 的变化，绘制 $q_m - p_b/p_0$ 曲线；分析比较 $q_{m,max}$ 的计算值和实测值；确定临界压力 p_{cr}。

(3) 测定不同工况时，气流沿喷管各截面（轴相位置 X）的压力变化情况，绘制 $X - \dfrac{p_x}{p_0}$ 关系曲线，分析比较临界压力的计算值和实测值。

二、实验原理

1. 渐缩喷管

气体在渐缩喷管内绝热流动的最大膨胀程度取决于临界压力比 r_{cr}：

$$r_{cr}=\frac{p_{cr}}{p_0}=\left(\frac{2}{k+1}\right)^{\frac{k}{k-1}} \tag{2-16}$$

临界压力比 r_{cr} 只与气体的等熵指数 k 有关,对于空气,$k=1.4$,$\frac{p_{cr}}{p_0}=0.528$。式中的 p_0 为喷管的进气压力(Pa),p_{cr} 为气体在渐缩喷管中膨胀所能达到的最低压力,称为临界压力(Pa)。气体渐缩喷管中的膨胀情况如图 2-8 所示。图中 q_m 为通过渐缩喷管的气体的质量流量(kg/s)。

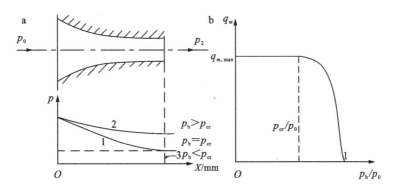

图 2-8 渐缩喷管中气体分布示意图(a)和渐缩喷管流量曲线分布示意图(b)

2. 缩放形喷管

气体流经缩放形喷管时完全膨胀的程度决定于喷管的出口截面积 A_2 与喷管中的最小截面积 A_{min} 的比值。喷管在不同背压条件下工作时,压力分布如图 2-9 所示。

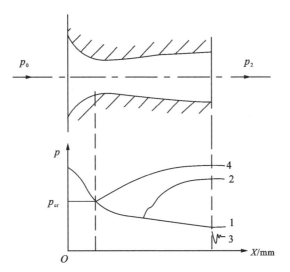

1. 在设计条件下工作时的压力分布;2、4. 膨胀过度时的压力分布;
3. 膨胀不足时喷管出口出现的突然膨胀。

图 2-9 缩放喷管中气体压力线分布示意图

三、实验仪器

本实验装置由实验本体、真空泵及测试仪表等组成。其中,实验本体由进气管段2、喷管实验段6、真空罐7及支架5等组成,实验装置系统如图2-10所示,采用真空泵作为气源设备,装在喷管的排气侧。喷管的背压由固定在排气管段上的真空表8测定,通过喷管的气体流量用风道上的孔板流量计3及U型管差压计4测量。

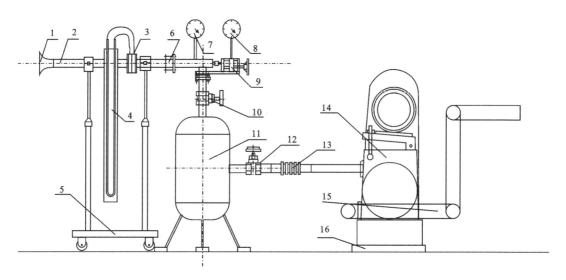

1.空气吸气口;2.进气管;3.孔板流量计;4."U"形管压差计;5.三轮可移动支架;6.喷管实验段;7.背压真空表;8.可移动真空表;9.探针手轮螺杆机构;10.背压调节阀;11.真空罐;12.进气调节阀;13.软管接头;14.真空泵;15.出气管;16.水泥基础座。

图2-10 喷管实验装置系统图

实验中要求喷管的入口压力保持不变。风道上安装的调节阀门3,可根据流量增大或减小时孔板压差的变化适当开大或关小调节阀。应仔细调节,使实验段1前的管道中的压力维持在实验选定的数值。喷管排气管道中的压力 p_2 由调节阀门3控制,真空罐11起稳定排气管压力的作用。当真空泵运转时,空气由实验本体的吸气口1进入,并依次通过进气管段、孔板流量计3、喷管实验段6,最后排到室外。

喷管各截面上的压力采用探针测量,如图2-11所示,探针可以沿喷管的轴线移动。具体的压力测量是这样的:用一根直径为1.2mm的不锈钢制探针贯通喷管,其右端与真空表相通,左端为自由端(其端部开口用密封胶封死),在接近左端端部处有一个0.5mm的引压孔。显然,真空表上显示的数值应该是引压孔所在截面的压力,若移动探针(实际上是移动引压孔),则可确定喷管内各截面的压力。

四、实验步骤

(1)用坐标校准器调准"位移坐标"的基准位置。然后小心地装上要求实验的喷管(注意:不要碰坏测压探针)。打开调压阀12。

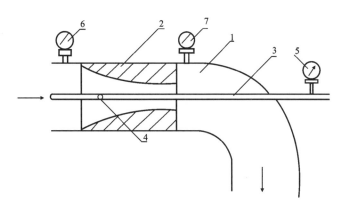

1.管道;2.喷管;3.探针;4.测压孔;5.测量喷管各截面压力的压力表;6.测量喷管入口压力的压力表;7.测量喷管排气管道压力的压力表。

图2-11 喷管截面压力探针测量示意图

(2)检查真空泵的油位,打开冷却水阀门,用手轮转动飞轮1~2圈,检查一切正常后,启动真空泵。

(3)全开罐后调节阀12,用罐前调节阀10调节背压 p_b 至一定值。摇动手轮9使测压孔位置 X 自喷管进口缓慢向出移动。每隔几毫米一停,记下真空表8上的读数(真空度)。这样将测得对应于某一背压下的一条曲线 $X-\dfrac{p_X}{p_0}$。

(4)再用罐前调节阀10逐次调节背压 p_b 为设定的背压值。在各个背压值下,重复上述摇动手轮9的操作过程,得到一组在不同背压下的压力曲线 $X-\dfrac{p_X}{p_0}$。

(5)摇动手轮9,使测压孔的位置 X 位于喷管出口外40mm处。此时真空表8上的读数为背压 p_b。

(6)全开罐后调节阀12,用罐前调节阀10调节背压 p_b,使它由全关状态逐渐慢开启。随背压 p_b 降低(真空度升高),流量 q_m 逐渐增大,当背压降至某一定值(渐缩喷管为 p_c,缩放喷管为 p_f)时,流量达到最大值 $q_{m,\max}$,以后将不随 p_b 的降低而改变。

(7)用罐前调节阀10重复上述过程,调节背压 p_b,每变化0.005MPa一停,记下背压真空表7上的背压读数和"U"形管压差计4上的压差 $\Delta p(\mathrm{mmH_2O})$ 读数(低真空时,流量变化大,可取0.02MPa;高真空时,流量变化小,可取0.01MPa),将读数换算成压力比 p_b/p_0 和流量,在坐标纸上绘出流量曲线。

(8)在实验结束阶段真空泵停机前,打开罐前调节阀10,关闭罐后调节阀12,使罐内充气。当关闭真空泵后,立即打开罐后调节阀12,使真空泵充气,以防止真空泵回油。最后关闭冷却水阀门。

五、实验数据处理方法

(1)喷管尺寸见图纸(图2-12)。

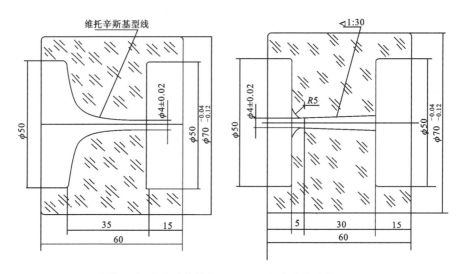

图2-12 喷管尺寸:渐缩喷管结构图(左)和缩放喷管结构图(右)(单位:mm)

(2)喷管入口温度t_1,入口压力p_0。

t_1为喷管入口温度,为室温t_a(℃),p_0为喷管入口压力,有

$$p_0 = p_b - (0.95\Delta p) \times 10^{-5} \tag{2-17}$$

式中:Δp为"U"形管压差计读数(mmH$_2$O);p_b为大气压力计读数(MPa)。

由于在进气管中装有测流量孔板,气流流过孔板将有压力损失,压力将略低于大气压力p_b,流量越大,低得越多。根据经验公式和实测,可由式(2-17)确定入口压力p_0。

(3)孔板流量计计算公式为

$$q_m = 1.373 \times 10^{-4} \sqrt{\Delta p} \varepsilon \beta \gamma \tag{2-18}$$

式中:ε为流速膨胀系数,$\varepsilon = 1 - 2.873 \times 10^{-6} \times \dfrac{\Delta p}{p_b}$;$\beta$为气态修正系数,$\beta = 53.8\sqrt{\dfrac{p_b}{t_0 + 273.15}}$;$t_0$为室温(℃);$\gamma$为几何修正系数,此处取1;$\Delta p$为"U"形管压差计读数(mmH$_2$O);$p_b$为大气压力计读数(MPa)。

(4)喷管流量的理论计算公式。

在稳定流动中,任何截面上的质量均相等,流量大小可由下式确定:

$$q_m = A_2 \sqrt{\frac{2k}{k-1} \frac{p_0}{v_1} \left[\left(\frac{p_2}{p_0}\right)^{\frac{2}{k}} - \left(\frac{p_2}{p_0}\right)^{\frac{k+1}{k}} \right]} \tag{2-19}$$

式中:k为绝热指数;A_2为出口截面积(应该按直径4mm圆截面积减去直径1.2mm测量针的截面积计算),即$A_2 = \dfrac{1}{4}\pi(D^2 - d^2) = \dfrac{1}{4} \times 3.14 \times (4^2 - 1.2^2) = 11.43(\text{mm}^2) = 1.143 \times 10^{-5}(\text{m}^2)$;$v_1$、$v_2$分别表示进、出口截面气体的比体积(m^3/kg);p_0、p_2分别表示进、出口截面上气体的压力(Pa)。

对于空气,代入 $k=1.4, R_g=287[J/(kg·K)]$:

$$q_m = 0.156 p_1 A_2 \sqrt{\left[\left(\frac{p_2}{p_0}\right)^{\frac{2}{1.4}} - \left(\frac{p_2}{p_0}\right)^{\frac{1.4+1}{1.4}}\right]/T_1} \quad (2-20)$$

当出口截面压力等于临界压力 p_{cr},即 $p_2/p_0=0.528$ 时,流量达到最大值:

$$q_{m,\max} = 0.040 p_0 A_2 \sqrt{\frac{1}{T_1}} \quad (2-21)$$

(5)临界压力的理论计算值:

$$p_{cr} = 0.528 p_0 \quad (2-22)$$

六、数据记录

本次实验需要记录位移与压力的数据,相关表格如表 2-4 和表 2-5 所示。

表 2-4 流量和压力比数据表格

p_b/MPa(表)	−0.005	−0.010	−0.015	−0.020	−0.025	−0.030	−0.035
Δp/mmH$_2$O							
p_b/MPa(表)	−0.040	−0.045	−0.050	−0.055	−0.060	−0.065	−0.070
Δp/mmH$_2$O							

表 2-5 位移和压力比数据表格

(1)超临界工况:$p_b=$ _____ MPa

X/mm	5	10	15	20	23	26	29	32	35	38
p_X/MPa(表)										

(2)临界工况:$p_b=$ _____ MPa

X/mm	5	10	15	20	23	26	29	32	35	38
p_X/MPa(表)										

(3)亚临界工况:$p_b=$ _____ MPa

X/mm	5	10	15	20	23	26	29	32	35	38
p_X/MPa(表)										

七、注意事项

(1) 启动真空泵前,对真空泵传动系统、油路、水路进行检查,检查无误后,打开背压调节阀,用手转动真空泵飞轮一周,去掉汽缸内过量的油气,启动电机,当转速稳定后开始进行实验。

(2) 由于测压探针内径较小,测压时滞现象比较严重,为了取得准确的压力值,摇动手轮必须足够慢。描绘流量曲线时,开关调节阀的速度也不宜过快。

(3) 停机前,先关真空罐出口调节阀,让真空罐充气,关真空泵后,立即打开此阀,让真空泵充气。防止真空泵回油,也有利于真空泵下次启动。

八、实验报告

1. 实验结果

实验报告中,应包含本次实验中所记录的所有数据及计算的结果数据,如表 2-6 和表 2-7 所示。

表 2-6 流量和压力比数据表

p_b/MPa(表)	0	0.005	0.010	0.015	0.020	0.025	0.030	设定
p_b/MPa(绝)								计算
p_0/MPa(表)								测量后计算
p_0/MPa(绝)								计算
Δp/mmH$_2$O								实测
$q_{m测}$/(10^{-3}kg·s^{-1})								测量计算
$q_{m理}$/(10^{-3}kg·s^{-1})								理论计算
p_b/p_0								计算
p_b/MPa(表)	0.035	0.040	0.045	0.050	0.055	0.060	0.065	设定
p_b/MPa(绝)								计算
p_0/MPa(表)								测量后计算
p_0/MPa(绝)								计算
Δp/mmH$_2$O								实测
$q_{m测}$/(10^{-3}kg·s^{-1})								测量计算
$q_{m理}$/(10^{-3}kg·s^{-1})								理论计算
p_b/p_0								计算

表 2-7 压力和位移数据表

(1) 超临界工况：$p_b=$ MPa

X/mm	5	10	15	20	23	26	29	32	35	38
p_X/MPa（表）										

(2) 临界工况：$p_b=$ MPa

X/mm	5	10	15	20	23	26	29	32	35	38
p_X（MPa）（表）										

(3) 亚临界工况：$p_b=$ MPa

X/mm	5	10	15	20	23	26	29	32	35	38
p_X/MPa（表）										

2. 数据图形

本次实验，需要将表 2-6 与表 2-7 中的数据绘制成可以直观观察的曲线。

流量 q_m 和压力比 p_b/p_0 曲线

压力 X 和位移 p_x 曲线

第四节 可视性饱和蒸汽压力和温度关系测定实验

一、实验目的

(1)通过观察饱和蒸汽压力与温度变化的关系,加深对饱和状态的理解。
(2)通过对实验数据的整理,掌握饱和蒸汽 $p-t$ 关系图、表的编制方法。
(3)学会温度计、压力表、调压器和大气压力计等仪表的使用方法。
(4)在测试中,能观察到水在小容积容器金属表面很光滑(汽化核心很小)的饱态沸腾现象。

二、实验装置

本实验以可视性饱和蒸汽压力与温度关系实验仪为主要实验设备。该装置由电加热密封容器(产生饱和蒸汽)、压力表、温控仪等组成。该实验装置简图如图 2-13 所示。

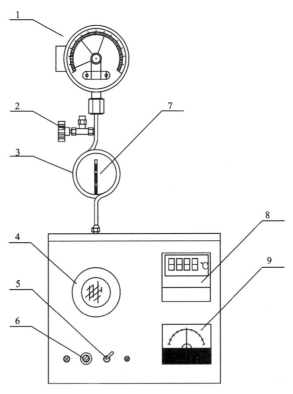

1.电接点真空压力表(-0.1~1.5MPa);2.排气阀;3.缓冲器;4.透明视窗及蒸汽发生器;
5.电源开关;6.电功率调节器;7.温度计(0~300℃);8.可控数显温度仪;9.电压表。

图 2-13 饱和蒸汽 $p-t$ 关系实验装置简图

三、实验原理

本实验装置利用电加热器给密闭容器中的蒸馏水加热,使密闭容器水面以上空间产生具有一定压力的饱和蒸汽。实验中,通过电子调压模块调节输出电压以实现不同工况,用电接点压力表和温控仪测取不同工况下饱和蒸汽的压力和温度值,根据测得的 p 和 t 实验数据,即可绘制 p-t 关系曲线,并将饱和蒸汽压力和温度的关系整理成实验公式。

四、实验方法及步骤

(1)熟悉实验装置及使用仪表的工作原理和性能。

(2)将电功率调节器调节至电压表零位,然后接通电源。

(3)将温控调节器的温度起始值设定为100℃,顺时针调节电功率调节器,将电流表电流调到1A,待水蒸气的温度升至100℃,工况稳定后,记录下水蒸气的压力和温度。重复上述实验,温度每增加5℃,测一组温度数据,在0~0.6MPa(表压)范围内实验不少于8次,且实验点应尽量分布均匀,并将实验结果记录到表2-8中。

(4)实验完毕后,将调压器旋回零位,并断开电源。

(5)记录室温和大气压力。

五、数据记录及计算结果

1. 测量的数据

测量的数据如表2-8所示。

表 2-8 实验数据记录及计算表

室温:$t=$ ℃

实验次数	饱和压力/MPa			饱和温度/℃		误差	
	压力表读数 p'	大气压 p_b	绝对压力 $p=p'+p_b$	温度计读数 t'	理论值 t	$\Delta t = t - t'$ (℃)	$\dfrac{\Delta t}{t} \times 100\%$
1							
2							
3							
4							
5							
6							
7							
8							

2. 绘制 p-t 关系曲线

(1)将实验数据点标记在普通坐标纸上,剔除偏离远的点(奇异点),绘制曲线(图 2-14)。

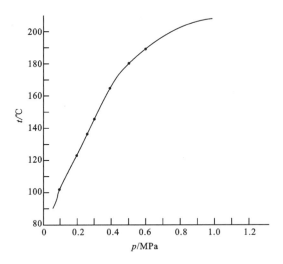

图 2-14　实验结果曲线示意图

3. 总结经验公式

若将实验数据绘制在双对数坐标纸上,则基本呈一直线(图 2-15),故饱和水蒸气压力与温度的关系可近似整理成下列经验公式:

$$t = 100\sqrt[4]{p} \tag{2-23}$$

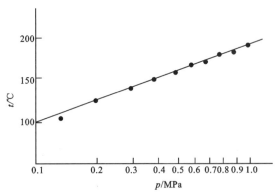

图 2-15　经验公式曲线示意图

4. 误差分析

通过比较发现测量值比标准值低 1% 左右,引起误差的原因可能有以下几个方面。
(1)读数的误差。
(2)由测量仪表精度引起的误差。

(3)由测量管测温引起的误差。

六、注意事项

(1)实验装置通电后必须有专人看管。
(2)实验装置使用压力为1MPa(表压),切不可超压操作。
(3)加热过程中,箱体上方的金属管温度很高,严禁触碰。

第五节 压气机性能实验

一、实验目的

活塞式压气机是通用的机械设备之一,其工作原理是消耗机械能(或电能)而获得压缩气体。压气机的压缩指数和容积效率等都是衡量其性能先进与否的重要参数。本实验是利用微机对压气机的有关性能参数进行实时动态采集,经计算处理,得到展开和封闭的示功图。从而获得压气机的平均压缩指数、容积效率、指示功、指示功率等性能参数。

(1)了解活塞式压气机的工作原理及构造。
(2)熟悉用微机测定压气机工作过程的方法,采集并显示压气机的示功图。
(3)根据测定结果,确定压气机的耗功W_C、耗功率P、多变压缩指数n、容积效率η_V等性能参数,或用面积仪测出示功图的有关面积并用直尺量出有关线段的长度,也可得出压气机的上述性能参数。
(4)进行变工况压气机工作过程测定及讨论。

二、实验原理

压气机的工作过程可以用示功图表示,示功图反映的就是气缸中气体压力随体积变化的情况。本实验的核心就是用现代测试技术测定实际压气机的示功图。实验中采用压力传感器测试气缸中的压力,用接近开关确定压气机活塞的位置。当实验系统正常运行后,接近开关产生一个脉冲信号,数据采集板在该脉冲信号的激励下,以预定的频率采集压力信号,下一个脉冲信号产生时,计算机中断压力信号的采集并将采集数据存盘。显然,接近开关两次脉冲信号之间的时间间隔刚好对应活塞在气缸中往返运行一次(一个周期),这期间压气机完成了膨胀、吸气、压缩及排气4个过程。

实验测量得到压气机示功图后,根据工程热力学原理,可进一步确定压气机的多变压缩指数和容积效率等参数。

另外,通过调节储气罐上的节气阀的开度,可改变压气机排气压力,实现变工况测量。
本实验仪器装置主要由压气机、电动机及测试系统组成。
测试系统包括压力传感器、动态应变仪、放大器、计算机及打印机,如图2-16所示。
压气机基本信息包括汽缸直径D、活塞行程L、连杆长度H和转速n。

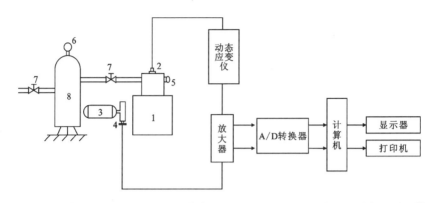

1.压气机;2.压力传感器;3.飞轮;4.位移传感器;5.安全排放阀;6.压力表;7.调节阀;8.稳压罐。

图 2-16 压气机实验装置及测试系统

  为了获得反映压气机性能的示功图,在压气机的汽缸头上安装了一个应变式压力传感器,用来获取实验时汽缸内输出的瞬态压力信号。该信号经桥式整流后,送至动态应变仪放大。对应着活塞上止点的位置,在飞轮外侧粘贴着一块磁条,从电磁传感器上取得活塞上止点的脉冲信号,作为控制采集压力的起止信号,以达到压力和曲柄传角信号的同步。这两路信号经放大器分别放大后,送入 A/D 板转换为数值量,然后送至计算机,经计算处理便得到了压气机工作过程中的有关数据及展开的示功图和封闭的示功图,如图 2-17 和图 2-18 所示。

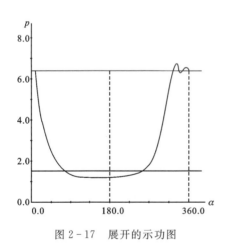

图 2-17 展开的示功图

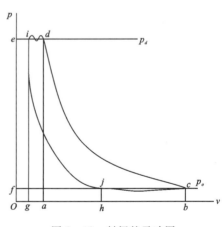

图 2-18 封闭的示功图

  根据动力学公式,活塞位移量 x 与曲柄转角 α 有如下关系:

$$x = R(1-\cos\alpha) + \frac{\lambda R}{4}(1-\cos 2\alpha) \tag{2-24}$$

  式中:$\lambda = R/H$,R 为曲柄半径(mm);H 为连杆长度(mm)。

三、参数计算方法

1. 耗功

压气机的耗功 W_C 是压气机在一个工作过程中消耗的功,其值对应于封闭示功图上工作过程线 $cdijc$ 所包围的面积,即

$$W_C = \oint P dv = K_1 K_2 S \times 10^5 \tag{2-25}$$

式中:S 为封闭示功图上工作过程线 $cdijc$ 所围的面积(m^2),可用面积仪测出其值;K_1 为单位长度代表的容积(m^3/m),即 $K_1 = \dfrac{(\pi/4)D^2 L}{gb}$;$gb$ 为对应于活塞行程的线段长度(m);K_2 为单位长度代表的压力(MPa/m),即 $K_2 = p_2/fe$;p_2 为压气机排气的表压力(MPa),即 $p_2 = p_d - p_0$;fe 为表压力 p_2 在纵坐标轴上对应的高度(m)。

2. 耗功率

压气机的耗功率 P 是单位时间内压气机所消耗的功,即

$$P = \dfrac{N W_C}{60} \tag{2-26}$$

式中,N 为电动机转速(r/min);$P < 750 \text{W}$。

耗功率 P 的理论值计算式为

$$P = n p_0 V \dfrac{\left[\pi \cdot \dfrac{n-1}{n} - 1\right]}{n-1} \tag{2-27}$$

式中:n 为多变压缩指数;p_0 为压气机吸气压力(N/m^2);V 为压气机的排气量(m^3/s);π 为增压比。

3. 多变压缩指数

压气机的实际压缩过程将介于定温压缩过程与定熵压缩过程之间,即多变压缩指数 n 的范围为 $1 < n < k$,因为多变过程的技术功 W_t 是过程功 W 的 n 倍,所以 n 等于封闭示功图上压缩过程线与纵坐标轴围成的面积同压缩过程线与横坐标轴围成的面积之比,即

$$n = \dfrac{W_t}{W} = \dfrac{\text{由 } cdefc \text{ 围成的面积}}{\text{由 } cdabc \text{ 围成的面积}} \tag{2-28}$$

式中:$1.0 < n < 1.4$。

4. 容积效率

由容积效率的定义得

$$\eta_V = \dfrac{\text{有效吸气容积}}{\text{活塞位移容积}} \tag{2-29}$$

实际上,在封闭示功图上,对应于有效吸气过程的线段 hb 长度与对应于活塞行程的线段 gb 长度之比等于容积效率,即

$$\eta_V = \dfrac{hb}{gb} \tag{2-30}$$

容积效率 η_v 的理论值计算式为

$$\begin{cases} \eta_v = 1 - \dfrac{V_c}{V_h}\left(\dfrac{\pi}{n} - 1\right) \\ \dfrac{V_c}{V_h} = 4.76\% \end{cases} \quad (2-31)$$

式中：$V_c = (\pi/4)D^2 X_c$ 是余隙容积；$V_h = (\pi/4)D^2 L$ 是活塞位移容积；X_c 为余隙高度；L 为活塞行程。

四、实验步骤

(1) 接通所有测试仪器设备的电源。

(2) 把采集、处理数据的软件调入计算机。

(3) 启动压气机，调好排气量，待压气机工作稳定后，计算机开始采集数据，经过计算机处理得到了展开和封闭的始功图。

(4) 用测面仪测量封闭示功图的面积。

(5) 分别测量压缩过程线与横坐标及纵坐标包围的面积。

(6) 用尺子量出有效吸气线段 hb 的长度和活塞行程线段 gb 的长度。

五、实验报告要求

(1) 简述实验目的与原理。

(2) 记录计算机采集各种数据的理论值，填入表2-9中。

表2-9 实验数据记录表

性能参数	耗功/J	耗功率/W	容积效率/%	多变指数			
				压力1/MPa	压力2/MPa	压缩过程多变指数 n	膨胀过程多变指数 m
1							
2							
3							
4							
5							
6							

(3) 根据示功图，得到示功图上的3个面积值及压力 p_d 值。

(4) 计算指示功、指示功率、平均多变压缩指数、容积效率等实际值（要求计算过程）。

六、数据记录与分析

测量并记录3~6组不同的压力稳定值时压气机的各项参数。

七、思考题

(1)说明示功图上活塞式压气机的工作过程,并与理想压气机 $p-v$ 图比较有何区别,为什么?

(2)本实验中测量的压气机的几个参数反映的是压气机哪些方面的性能?从此次实验来看,这台压气机工作是否正常?可否提出改进方法。

(3)如果手工计算,应如何计算这几个参数?

第六节　空气绝热指数测定实验

一、实验目的

(1)通过测量绝热膨胀和定容加热过程中空气的压力变化,学习计算空气绝热指数 k、空气的比定压热容 c_p 及比定容热容 c_V 的方法。

(2)理解绝热膨胀过程和定容加热过程及平衡态的概念。

(3)掌握差压计的使用方法。

二、实验原理

在热力学中,气体的比定压热容 c_p 和比定容热容 c_V 之比被定义为该气体的绝热指数,并以 k 表示,即 $k=\dfrac{c_p}{c_V}$。

本实验利用定量气体在绝热膨胀过程和定容加热过程中的变化规律来测定空气绝热指数 k。该实验过程的 $p-v$ 图如图 2-19 所示。图中 AB 为绝热膨胀过程;BC 为定容加热过程。

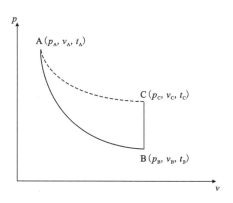

图 2-19　气体状态变化及 $p-v$ 图

AB 为绝热过程,则 $p_A v_A^k = p_B v_B^k$;BC 为定容过程,则 $v_B = v_C$;假设 AC 为等温过程,则 $t_A = t_C$。根据理想气体的状态方程,对于 A、C 可得:$p_A v_A = p_C v_C$;两边 k 次方,得 $(p_A v_A)^k =$

$(p_C v_C)^k$；可得

$$\frac{p_A^k}{p_A} = \frac{p_C^k}{p_B}, 即 \frac{p_A}{p_B} = \left(\frac{p_A}{p_C}\right)^k \tag{2-32}$$

将式(2-32)两边取对数,可得

$$k = \frac{\ln\left(\dfrac{p_A}{p_B}\right)}{\ln\left(\dfrac{p_A}{p_C}\right)} \tag{2-33}$$

因此,只要测出 A、B、C 三种状态下的压力 p_A、p_B、p_C,即可求得空气的绝热指数 k。

三、实验装置

空气绝热指数也叫作气体的比热容比,在热力学过程中是一个重要的参量,很多空气中的绝热过程都与比热容比有关。该实验装置叫作空气绝热指数测定仪,如图 2-20 所示,它由"U"形管差压计、防尘罩、排气阀、刚性容器和充气阀组成。

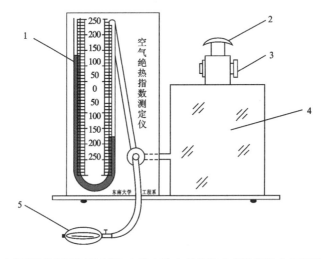

1."U"形管差压计(压力计);2.防尘罩;3.排气阀;4.刚性容器;5.充气阀。

图 2-20 实验装置示意图

空气绝热指数测定仪以绝热膨胀和定容加热两个基本热力过程为工作原理,测出空气绝热指数。实验开始时,通过充气阀对刚性容器进行充气,至状态 A,由"U"形管差压计测得状态 A 的表压 h_A(mmH$_2$O),如图 2-21 状态 A,我们选取容器内一份气体作为研究对象,其体积为 v_A,压力为 p_A,温度为 t_A,假设通过排气阀放气,使其压力与大气压力相平衡,恰好此时的气体膨胀至整个容器(体积为 v_B),立即关闭排气阀,膨胀过程结束。因为 $p_B = p_b$(大气压力),由于此过程进行得十分迅速,可忽略过程的热交换,因此可认为此过程为定量气体的绝热膨胀过程,即由状态 A(p_A、v_A、t_A)绝热膨胀至状态 B(p_B、v_B、t_B)(注意:v_B 等于容器体积,v_A 为一小于容器体积的假想体积)。处于状态 B 的气体,由于其温度低于环境温度,则刚性容器内的气体通过容器壁与环境交换热量,当容器内的气体温度与环境温度相等时,系统处于新的平衡状态 C(p_C、v_C、t_C)。若忽略刚性容器的体积变化,此过程可认为是定容加热过程。此时容器内气体的压力 h_C(mmH$_2$O)可由"U"形管差压计测得。至此,被选为研究对象的气体,从 A 经过绝热膨胀过程至 B,又经过定容加热过程至 C,且状态 A、C 所处的温度同为环境温度,实现了图 2-21 中所示的过程。

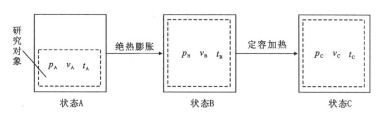

图 2-21 气体热力过程示意图

四、实验方法及步骤

(1)认真阅读实验指导书,对照实物熟悉实验设备,了解实验原理。

(2)在排气阀 3 开启的情况下(容器与大气相通),用医用注射器将蒸馏水注入"U"形管差压计 1 至 120~150mm 的水柱高。水柱内应不含气泡,如有气泡,应设法排除。

(3)调整装置的水平位置,使"U"形管压力计 1 两水管中的水柱高在一个水平线上。

(4)关闭阀门 3,把备帽拧紧。

(5)检查装置的气密性。方法如下。

①通过充气阀对刚性容器充气状态至 A,使"U"形管差压计的水柱 h_A=200(mmH$_2$O)左右,过几分钟(约 5min)后观察水柱的变化,若没有变化,说明气密性满足要求,读出 h_A 的值。

②若有变化,则说明装置漏气,应将排气阀的锥形塞拔出,抹上一些真空油,可改善密封性。抹油后安装就位,把备帽拧紧。重复步骤①。此步骤一定要认真,否则将给实验结果带来较大的误差,同时读出 h_A 的值。

(6)右手突然打开排气阀进行排气,并迅速关闭(在气流流出的声音"啪"消失的同时关上排气阀,此时恰到好处,实验操作者在实验正式开始前要多练习几次)。

(7)持续 30min 左右,待容器内空气温度与大气温度一致时,即"U"形管差压计的读数稳定后,读出 h_C 值。

(8)重复上述步骤 3 次以上,将实验中采集的数据填在实验数据表格中,并求 k 值(取其平均值)。

注意:气囊往往要漏气,充气后必须用夹子将胶皮管夹紧。

五、实验数据处理

1. 计算方法

如果将前述的式(2-33)直接用于实验计算,比较烦琐。因此,针对目前的实验条件,现将式(2-33)进行适当的简化。

设"U"形管差压计的封液(水)重度为 $\gamma=9.18\times10^3$ (N/m³),实验时大气压力则为 $p_b\approx10^4$ (mmH₂O)。因此,状态 A 的压力可表示为 $p_A=p_b+h_A$,状态 B 的压力可表示为 $p_B=p_b$,状态 C 的压力则可表示为 $p_C=p_b+h_C$。将它们带入式(2-33)得

$$k=\frac{\ln\left(\dfrac{h_A+p_b}{p_b}\right)}{\ln\left(\dfrac{h_A+p_b}{h_C+p_b}\right)}=\frac{\ln\left(1+\dfrac{h_A}{p_b}\right)}{\ln\left(1+\dfrac{h_A-h_C}{h_C+p_b}\right)} \quad (2-34)$$

实验中由于刚性容器的限制,一般取 $h_A\approx200$(mmH₂O),$h_C<h_A$,因此有:$h_C+p_b\approx p_b$,$h_A/p_b\ll1$,$(h_A-h_C)/(h_C+p_b)\ll1$。

所以,按照近似的方法,式(2-34)可简化为

$$k\approx\frac{h_A/p_b}{(h_A-h_C)/(h_C+p_b)}=\frac{h_A}{h_A-h_C} \quad (2-35)$$

这即为利用本实验装置测定空气绝热指数 k 的简化(近似)计算公式。

2. 实验数据记录表

将本次实验数据记录在表 2-10 中。

表 2-10 水柱高度记录及计算的绝热指数

室温 $t_a=$ _____ ℃,大气压力 $p_b=$ _____ mmH₂O

序号	h_A/mmH₂O	h_C/mmH₂O	h_A-h_C	$k=h_A/(h_A-h_C)$
1				
2				
3				
4				
5				
6				
7				
$\dfrac{\sum k_i}{7}$				

六、实验报告要求

书写实验报告,内容除实验数据记录和整理外,还包括实验原理简述、实验设备简介和对实验结果的分析及讨论。

七、注意事项

(1)实验前要检查系统是否漏气。

(2)本实验的关键在于排气要进行得十分迅速,关闭排气阀的时机要选择得当。眼睛一定要一直观察电压表,当电压显示为 0 的一瞬间,迅速关闭排气阀,手眼紧密结合好。

(3)打气时,挤压气囊速度要缓慢。打完气,要等足够长的时间使瓶内气体温度稳定,达到与室温平衡。

(4)在打开或关闭阀门时,要一手扶住阀门,一手转动活塞。

(5)实验完毕后,必须将两个阀门全部打开,保证压力传感器空载。

第七节 气体流量测定与流量计标定

一、实验目的

气体属于可压缩流体。气体流量的测量,虽然有一些使用与不可压缩流体相同的测量仪表,但也有不少专用于气体的测量仪表,在测量方法和检定方法上也有一些特殊之处。显然,气体流量的测量与液体一样,在工业生产上和科学研究中,都是十分重要的。尤其是在近代,随着工业生产规摸的大型化和科学实验的微型化,往往这些流量、温度、压力等的检测仪表就成为关键问题。

目前,工业用仪表有 LZB 系列转子流量计,实验室仪表有 LZW 系列微型转子流量计,可供选用。对于市售定型仪表,若流体种类和使用条件都按照规格规定,则读出刻度就能知道流量。但从精度上考虑,仍有必要重新进行校正。转子流量计自制是有困难的,因手工难于制作锥形玻璃管的锥度。但是,在科学研究中或其他某种场合,有时不免还要根据某种特殊需要,创制一些新型测量仪表和自制一些简易的流量计。无论市售的标准系列产品还是自制的简易仪表,使用前,尤其是使用一段时间后,都需要进行校正,这样才能保证计量得准确、可靠。

气体流量计的标定一般采用容积法,用标准容量瓶量体积,或者用校准过的流量计作比较标定。在实验室里,一般采用湿式气体流量计作为标准计量器。它属于容积式仪表,事先应经标准容量瓶校准。实验用的湿式流量计的额定流量一般有 $0.2 m^3/h$ 和 $0.5 m^3/h$ 两种。若要标定更大流量的仪表,一般采用气柜计量体积。实验室往往又需用微型流量计,现时一般采用皂膜流量计来标定。

本实验采用标准系列中的转子流量计和自制的毛细管流量计来测量空气流量,并用经标准容量瓶直接校准好的湿式流量作为标准,用比较法对上述两种流量计进行检定,标定出流量曲线,对毛细管流量计标定。通过本实验学习气体流量的测量方法,以及气体流量计的原理、使用方法和检定方法。同时,这些知识和实验方法对学习者在进行以下各项实验时,肯定会有帮助,尤其对他们今后所从事的各种实验研究工作也是有益处的。

二、实验原理

1. 湿式气体流量计

该仪器属于容积式流量计。它是实验室常用的一种仪器,其构造主要由圆鼓形壳体、转鼓及传动记数机构组成,如图 2-22 所示。转鼓由圆筒及 4 个弯曲形状的叶片所构成。4 个叶片构成4个体积相等的小室。转鼓的下半部浸没在水中。充水量由水位器指示。气体从背部中间的进气管九处依次进入一室，并相继由顶部排出时，迫使转鼓转动。由转动的次数，通过记数机构，在表盘上计数器和指针显示体积。它配合秒表工作时，可直接测定气体流量。

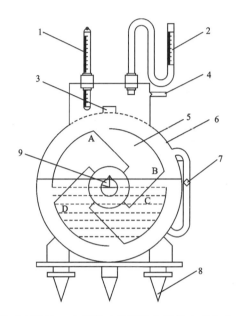

1.温度计；2.压差计；3.水平仪；4.排气管；5.转鼓；6.壳体；7.水位仪；
8.可调支脚；9.进气管。

图2-22 湿式流量计结构简图

工作时，如图2-22位置9所示，气体由进气管进入，B室正在进气，C室开始进气，而D室排气将尽，湿式气体流量计可直接用于测量气体流量，也可用来作标准仪器以检定其他流量计。

湿式气体流量计一般用标准容量瓶进行校准。标准容量瓶的体积为 V_V，湿式气体流量计体积示值为 $T_2 - T_1 = \sum_{p_1}^{p_2} \mu \Delta p$，则两者差值 ΔV 为

$$\Delta V = V_V - V_W \tag{2-36}$$

当流量计指针旋转一周时，刻度盘上总体积为5L，一般配置1L容量瓶进行5次校准，流量计总体积示值为 $\sum V_W$，则平均校正系数为

$$C_W = \frac{\sum \Delta V}{\sum V_W} \tag{2-37}$$

因此，经校准后，湿式气体流量计的实际体积流量为 V_S，与流量计示值 V'_S 之间的关系为：

$$V_S = V'_S + C_W V'_S \tag{2-38}$$

2. 转子流量计

转子流量计的构造原理如图 2-23 所示。它由一根垂直的略显锥形的玻璃管和转子（或称浮子）组成。锥形玻璃管截面积由上而下逐渐缩小。流体由下而上流过，由转子的位置决定流体的流量。

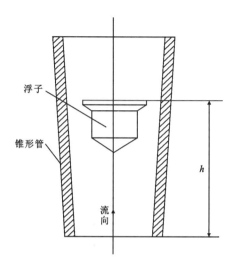

图 2-23 转子流量计的基本结构

转子流量计与孔板流量计虽都以节流作用为依据，但孔板流量计是截面积不变，流量与压强差成比例；而转子流量计则是压强差不变，流量与环隙截面积大小（即随转子位置而变）成比例。在一定流量下，当转子上下产生的压力差与转子的净重（重量－浮力）相平衡时，转子就停留在一定位置上。

$$\Delta p A_R = V_R \rho_R g - V_R \rho g \qquad (2-39)$$

式中：V_R 为转子的体积（m³）；A_R 为转子的最大截面积（m²）；ρ_R 为转子的密度（kg/m³）；ρ 为流体的密度（kg/m³）。

当转子停留在一定位置时，转子与玻璃管间环隙面积是一定值，流速与静压强差的关系与通过孔板流量计孔口时的情况是相似的。因此，可依照孔板流量计的流量公式写出：

$$q_V = C_R S_R \sqrt{\frac{2g\Delta p}{\rho g}} = C_R S_R \sqrt{\frac{2gV_R(\rho_R - \rho)}{A_R \rho}} \qquad (2-40)$$

式中：q_V 为流体的体积流量（m³/s）；Δp 为转子上下间流体的压强差（Pa）；ρ 为被测流体的密度（kg/m³）；S_R 为转子与玻璃管环隙的截面积（m²）。

C_R 为转子流量计的流量系数，与转子的形状及流体通过环隙的雷诺数 Re 有关，其具体数值由实验测定。

由上述原理可知，在式（2-40）中，环隙截面积 S_R 随流量而改变，而 S_R 的大小也就表示转子位置的高低。因此，流量与转子位置保持一定关系。但 Δp 是不随流量而改变的，只与转子的净质量有关。

标定气体流量计时，一般采用空气作为标定介质，标定温度为 20℃，压力为 760mmHg。

当实际测量时,气体种类、温度和压力与标定时可能不同,这就需要进行换算。

若被测气体只是温度和压力改变,则

$$q_{V_2} = q_{V_1} \sqrt{\frac{p_1 T_2}{p_2 T_1}} \tag{2-41}$$

式中:q_{V_2} 为被测气体流量(m^3/s);q_{V_1} 为标定气体流量(m^3/s);p_1、T_1 为标定时气体的压力(Pa)和温度(K);p_2、T_2 为被测定时气体的压力(Pa)和温度(K)。

当被测气体种类改变时,而黏度与标定介质相近,流量系数 C_R 可视为常数,则可按下式换算:

$$q_{V_2} = q_{V_1} \sqrt{\frac{(\rho_R - \rho_2)\rho_1}{(\rho_R - \rho_1)\rho_2}} \tag{2-42}$$

式中:ρ_1 为标定气体的密度(kg/m^3);ρ_2 为被测气体的密度(kg/m^3)。

3. 毛细管流量计

毛细管流量计用于实验室里测量小流量的气体,较为方便。它是利用流体通过一小段毛细管,因阻力产生压强降。测压采用一种特殊装置,可防止指示剂被冲走,其构造如图 2-24 所示。根据测量范围,只要更换毛细管的粗细与长短就可以了。一般采用水作为测压管的指示液。

毛细管流量计的构造原理与孔板流量计类似。因此,亦可依照孔板流量计列出流量公式:

$$V_S = C_p S_p \sqrt{2\Delta H} = C_p S_p \sqrt{\frac{2gR(\rho_i - \rho)}{\rho}} \tag{2-43}$$

式中:C_p 为毛细管流量计流量系数;S_p 为毛细管截面积(m^2);ρ_i 为指示液的密度(kg/m^3)。

实验室里,为了简便,通常将自制的毛细管流量计经过直接标定,绘制成流量 q_V 与测压管液柱高度 R 之间的关系曲线。

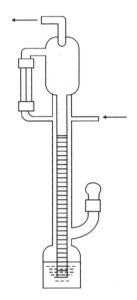

图 2-24 毛细管流量计

三、实验装置和流程

这套装置分为两部分:一部分是标准容量瓶校准湿式气体流量计,装置主要部分是标准容量瓶(1000mL)、平衡瓶和湿式气体流量计,如图 2-25 所示;另一部分是用湿式气体流量计分别标定转子流量计和毛细管流量计。装置主要部分是气源、缓冲罐和湿式气体流量计,在中间并联连接转子和毛细管两种流量计。具体装置流程如图 2-26 所示。

主要设备及仪表参考规格如下。

(1)气源:流量 $3.6 m^3/h$,1 台。

(2)湿式气体流量计:额定流量 $0.5 m^3/h$,1 台。

(3)玻璃转子流量计:LZB-6,1 台。

(4)毛细管流量计:1 台。

(5)标准容量瓶:1 个。

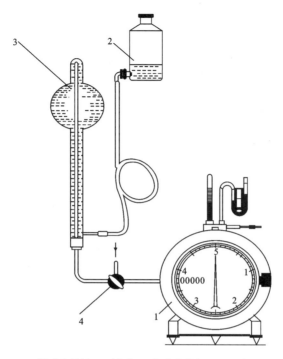

1.湿式流量计;2.平衡瓶;3.标准容量瓶;4.三通阀。

图 2-25　湿式流量计校正的实验装置

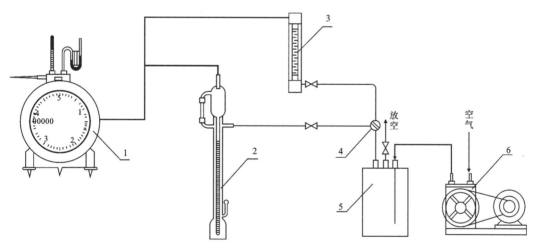

1.湿式气体流量计;2.毛细管流量计;3.转子流量计;4.三通旋塞;5.缓冲罐;6.气源。

图 2-26　流量计校正和标定流程图

四、实验方法

1. 湿式气体流量计的校准

检查三通阀的通向,使容量瓶与大气相通,而与湿式流量计断开。调正湿式流量计的水平:转动支脚螺丝,直至水平仪内气泡居中为准。向流量计内注入蒸馏水,其水位高低必须保持水位器中液面与针尖重合。平衡瓶内注入蒸馏水后,提高其位置,向容量瓶内注水,使水面与上刻度线重合。这时,便可开始校正试验。先转动三通旋塞,使容量瓶与湿式流量计接通,缓慢放下平衡瓶,使容量瓶内液面与下刻度线一齐,气体体积恰好为1L,然后记下流量计的体积示数、温度和压力。湿式流量计指针旋转一圈为5L,故需依次对每一升重复上述操作一次,共作5组数据,求得其平均校正系数。

2. 转子流量计的校检

先将缓冲罐上的放空阀完全打开,同时关闭出气阀,然后才能启动气源。待气源运行正常后,再将三通阀旋至与转子流量计系统相通。缓慢地调节放空阀,使气体流量调到所需要数值。湿式流量计运转数周后,便可开始测定。读取转子流量计示数,用秒表和湿式流量计测量流量值。在转子流量计测量范围内,测取5~6组数据。

3. 毛细管流量计的标定

毛细管流量计的校检流程与转子流量计是并联的,因此,实验方法完全相同。这里不再重述。根据湿式流量计和秒表计数所求流量给毛细管流量标记刻度。

在实验过程中,应注意下列事项。

(1)在实验过程中,要经常注意湿式气体流量计的水位器和水平仪,不符合要求时要随时调整,以保证测量准确。

(2)校验气体流量计时,因为校准介质是可压缩流体,所以校准时的温度和压力一定要记准,切勿疏忽。

(3)气源为容积式设备,在启动前一定要打开放空阀,并用它来调节进入设备的气体流量。

(4)管道连接一定要严密,切勿有泄露之处,否则测量准确度成问题。

(5)实验测定时,可从小流量到大流量,再从大到小,两次数据取平均值。

五、实验结果整理(表2-11～表2-13)

1. 湿式气体流量计校准数据

表2-11 湿式气体流量计校准实验数据记录表

实验序号	容量瓶体积真值 V_V/m^3	温度 $t/℃$	压力 p/kPa	流量计体积示值 V_W/m^3	体积修正值 $\Delta V=V_V-V_W/m^3$
1					
2					
3					
4					
5					

平均修正系数=

2. 转子流量计校准数据

表 2–12 转子流量计校准实验数据记录表

实验序号	转子流量计示值/m³	温度 t/℃	压力 p/kPa	流动时间 τ/s	湿式流量计示值 V_w/m³	实际体积流量/(m³·s^{-1})
1						
2						
3						
4						
5						
6						

平均修正系数＝

3. 毛细管流量计校准数据

表 2–13 毛细管流量计校准实验数据记录表

实验序号	毛细管流量计示值/m³	温度 t/℃	压力 p/kPa	流动时间 τ/s	湿式流量计示值 V_w/m³	实际体积流量/(m³·s^{-1})
1						
2						
3						
4						
5						
6						

平均修正系数＝

六、实验结果讨论

(1) 通过实验，分析这3种测气体的流量计各有什么特点？在使用上都应注意哪些事项？

(2) 试推导气体流量换算公式，并举一实例，改变气体种类、温度或压力换算之。

第八节 绝热节流效应的测定

一、实验目的

当气体在管道中流动时,由于局部阻力,如遇到缩口和调节阀门时,其压力显著下降,这种现象叫作节流。工程上,由于气体经过阀门等流阻元件时,流速大、时间短,来不及与外界进行热交换,可近似地作为绝热过程来处理,称为绝热节流。理想气体在绝热节流前后的温度是不变的。实验发现,实际气体节流前后的温度一般将发生变化。气体在节流过程中的温度变化叫作焦耳-汤姆逊效应(简称焦-汤效应)。造成这种现象的原因是因为实际气体的焓值不仅是温度的函数,也是压力的函数。大多数实际气体在室温下的节流过程中都有冷却效应,即通过节流元件后温度降低,这种温度变化叫作正焦耳-汤姆逊效应。少数气体在室温下节流后温度升高,这种温度变化叫作负焦耳-汤姆逊效应。在某一温度下,焦耳-汤姆逊效应的正负将发生改变,这一温度成为反转温度。

绝热节流效应在工程上有很多应用,如利用节流的冷效应进行制冷。节流效应也是物性量,在研究物质的热力学性质方面有重要作用。如根据测定的节流效应数据可以导出较精确的经验状态方程式。测定绝热节流效应的基本方法是在维持气体与周围环境没有热交换的条件下对气体节流,测量它节流前后的压力和温度。

二、实验原理

绝热节流前后的气体焓值相等,因此可以把绝热节流过程当作焓不变的过程。此过程中温度随压力降落的变化率称为微分节流效应。微分节流效应 μ 表示为

$$\mu = \left(\frac{\partial T}{\partial p}\right) \tag{2-44}$$

气体因节流引起温度变化相对于气体的温度值来说是很小的量。如果将上式中的温度和压力的微分量用与温度、压力本身的数值相比相当小的有限差值代替,所得结果十分接近实际。于是,微分节流效应可以根据下式直接测定:

$$\mu = \left(\frac{\Delta T}{\Delta p}\right) \tag{2-45}$$

测定时,通常维持节流的压力降 Δp 为 1bar(1bar=0.1mPa)左右。0℃的空气绝热节流时,压力每降 1bar,温度约降低 0.28℃。

当绝热节流的压力降相当大时,引起的气体温度变化值称为积分节流效应。积分节流效应(T_2-T_1)与微分节流效应 μ 的关系如下:

$$T_2 - T_1 = \int_{p_1}^{p_2} \mu \mathrm{d}p \tag{2-46}$$

也可表示为

$$T_2 - T_1 = \sum_{p_1}^{p_2} \mu \Delta p \tag{2-47}$$

式中：p_1、T_1 为节流前气体的压力（Pa）和温度（K）；p_2、T_2 为节流后气体的压力（Pa）和温度（K）。

直接测定积分节流效应很方便。只要实验的压力范围足够大，就可以根据直接测定的不同压力降落时积分节流效应（T_2-T_1）数据，在 $t-p$ 图上画出一条等焓线。等焓线的斜率即为式（2-46）所表示的微分节流效应。改变节流前气体的状态（p_1，T_1）可以得到不同焓值的等焓线，从而求得微分节流效应与温度、压力的关系。

三、实验装置

本实验所采用的实验装置示意图如图 2-27 所示，其主要部件包括节流器、恒温器、干燥器、空压机、阀门及调压阀。

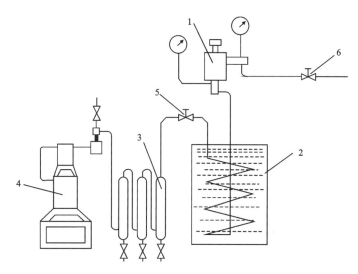

1. 节流器；2. 恒温器；3. 干燥器；4. 空气压缩机设备；5. 阀门；6. 调压阀。

图 2-27 绝热节流实验装置系统

四、实验步骤

实验工作是测量节流件两侧的空气压力和温度。压力和温度的测量要求较高的精度。测定微分节流效应和积分节流效应的方法分别如下。

1. 微分节流效应

维持节流前的空气压力为某一值，逐次改变节流前的空气温度，各次均在实验工况达到稳定后测量节流件两侧的压力和温度。改变节流前的空气压力值，按上述过程进行操作和测量。实验中，节流件两侧的压力差要维持在 1bar 左右。

根据实验测定的节流件两侧空气的压力和温度的各组数据，由式（2-47）计算出微分节

流效应 μ 的值,并用如下两种方式表示出直接测定微分节流效应的全部结果。

(1)列表表示微分节流效应 μ 与节流前空气压力和温度的关系。

(2)以 μ 为纵坐标、节流前空气温度为横坐标、节流前空气压力作为参考量,画出由数据所得的一组表示 μ 与节流前空气温度和压力关系的曲线。

2. 积分节流效应

维持节流前的空气压力和温度不变,逐次改变节流后的空气压力,各次均在实验工况达到稳定后测量节流件两侧的压力和温度。改变节流前的空气温度(如升高或降低 10~20℃),按上述过程操作和测量。

五、实验记录与分析

测量并记录 6~10 组不同的压力稳定值时压气机的各项参数于表 2-14 中。

表 2-14 绝热节流实验中气体压力及温度记录表

实验序号	节流前气体的压力 p_1	节流前气体的压力 p_2	节流前气体的温度 T_1	节流前气体的温度 T_2	流量	p_1-p_2	T_1-T_2	μ
1								
2								
3								
4								
5								
6								
7								
8								
9								
10								

列表方式计算平均值 $\bar{\mu}=$

又通过线性拟合得到结果:

六、思考题

此实验中,哪些因素会影响微分节流效应值的准确性?

第九节 燃料发热量的测定实验

一、实验目的

单位燃料完全燃烧后所放出的热量称为发热量,又叫热值,它是衡量燃料质量优劣的重要指标之一。燃料发热量可用氧弹量热计直接测定。

(1)了解燃料发热量的表示方法及其区别。

(2)了解氧弹热量计的构造和使用,掌握正确使用氧弹热量计测定固体燃料或液体发热量的方法。

(3)实验测量并计算得到实验燃料的发热量。

二、实验设备

本实验一般采用数显氧弹热量计,其中的核心部件氧弹的构造示意图如图 2-28 所示。

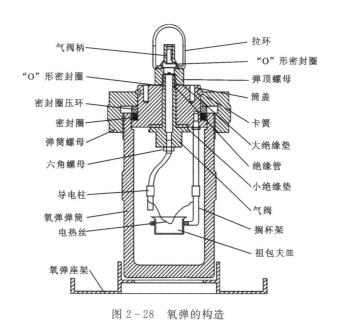

图 2-28 氧弹的构造

三、实验原理

将已知量的燃料置于密封容器(氧弹)中,通入氧气,点火使之完全燃烧,燃料所放出的热量传给周围的水,根据水温升高度数计算出燃料热值。

测定时,除燃料外,点火丝燃烧,热量计本身(包括氧弹、温度计、搅拌器和外壳等)也吸收热量。此外,量热计还向周围散失部分热量,这些在计算时都应考虑加以修正。

热量计系统在实验条件下,温度升高 1℃所需要的热量称为热量计的热容量。测定之前,先使已知发热量的苯甲酸(量热计标准物质,热值为 26 466J/g)在氧弹内燃烧,标定热量计的热容量 K。设标定时总热效应为 Q,测得温度升高为 Δt,测得热容量为

$$K = Q/\Delta t \tag{2-48}$$

热量计的热容量已由实验室测得 $K=15\ 155 J/℃$,学生可不必再测。测定时,再将被测燃料置于氧弹中燃烧,如测得温度升高 Δt_x,则燃烧总效应为 $Q = K \times \Delta t_x$。再经进一步修正,计算出燃料的热值。具体计算方法如下。

1. 计算热量计的热容量 K 值

$$K = \frac{Q_1 M_1 + Q_2 M_2}{(t_n - t_0) + \Delta\theta} \tag{2-49}$$

式中:K 为热量计的热容量(J/℃);Q_1 为苯甲酸(量热计标准物质)的热值,为 26 466J/g;M_1 为苯甲酸的净重(g);Q_2 为点火丝的热值,为 6000J/g;M_2 为点火丝的净重(g);t_0 和 t_n 为主期初温和末温(℃);$\Delta\theta$ 为量热体系与环境的热交换修正值(℃),计算方法如下。

$$\Delta\theta = \frac{V_n - V_0}{\theta_n - \theta_0}\left(\frac{t_0 + t_n}{2} + \sum_1^{n-1} t_i - n\theta_n\right) + nV_n \tag{2-50}$$

式中:V_0 和 V_n 为初期和末期的温度变化率(℃/30s);θ_0 和 θ_n 为初期和末期的平均温度(℃);n 为主期读取温度的次数;t_i 为主期按次序温度的读数。

2. 计算燃料燃烧的氧弹热值

$$Q = \frac{K \cdot (t_n - t_0 + \Delta\theta) - Q_2 M_2}{G} \tag{2-51}$$

式中:Q 为试样燃料的氧弹热值(kJ/kg);G 为试样质量(g)。

四、实验步骤

1. 实验准备

(1)燃料准备。每次测定柴油 0.6~0.8g,精确至 0.000 2g。

(2)点火丝。镍铬丝直径约 0.1mm,长 80~100mm,再把等长的 10~15 根点火丝同时放在分析天平上称量,计算每根点火丝的平均质量。

(3)氧气。准备纯度为 99.5%的工业氧气用于氧弹内,禁止使用电解氧。

2. 操作步骤

(1)先将热量计外筒装满水(与室温相差不超过 0.5℃的水),试验前用外筒搅拌器(手拉式)将外筒水温搅拌均匀。

(2)称取柴油 0.6~0.8g,再称准至 0.000 2g,放入坩埚中。

(3)把氧弹的弹头放在弹头架上,将盛有试样的坩埚固定在坩埚架上,将 1 根点火丝的两端固定在两个电极柱上,并让它与试样有良好的接触(点火丝与坩埚壁不能相碰)。然后,在氧弹中加入 10mL 蒸馏水,拧紧氧弹盖,并用进气管缓慢地充入氧气直至弹内压力为 2.5~3.0MPa 为止,氧弹不应漏气。

(4)把上述氧弹放入内筒中的氧弹座架上,再向内筒中加入约 3000g(称准至 0.5g)蒸馏

水(温度已调至比外筒低 0.2～0.5℃),水面应至氧弹进气阀螺帽高度的约 2/3 处,每次用水量应相同。

(5)接上点火导线,并连好控制箱上的所有电路导线,盖上胶木盖,将测温传感器插入内筒,打开电源和搅拌开关,仪器开始显示内筒水温,每隔半分钟蜂鸣器报时一次,实验开始读数。实验读数分为 3 期:初期、主期和末期,3 个期互相衔接。

初期:由读数开始至点火为初期,用以记录和观察周围环境与量热计在实验开始温度下热交换的关系,以求得散热校正值。初期内半分钟记录温度一次,直至得到 10 个读数为止。

主期:从第十个读数开始,在此阶段燃烧试样所放出的热量传给水和量热计,并使量热计设备的各部分温度达到平衡。

当记下第十次时,同时按"点火"键,点火指示灯亮,随之在 1～2s 内熄灭表示点火完毕,测量次数自动复零。以后每隔半分钟储存测温数据共 31 个,第一个读数作为主期初温 t_0,第一个开始下降的温度读数作为主期末温 t_n,到开始下降的第一个温度读数为止为主期。

末期:这一阶段的目的与初期相同,是为了观察实验终了温度下热交换的关系。主期的最后一个温度读数 t_n 作为末期的第一个读数,此后仍每半分钟读取一次温度读数,至第十一次读数,末期结束,读数也结束,按"结束"键表示结束实验。

(6)关闭搅拌开关和电源开关,拔出测温传感器探头,打开热量计盖(注意:先拿出传感器,再打开水筒盖),取出氧弹并擦干。用放气阀小心放掉氧弹内的氧气(切不可先拧开氧盖),放出废气,响声停止后再拧开盖,检查弹内与弹盖。若有试样燃烧完全,实验有效,取出未烧完的点火丝称重;若有试样燃烧不完全,则此次实验作废。

(7)将内筒的水倒掉,用蒸馏水洗涤氧弹内部及坩埚并擦拭干净,将弹头置于弹头架上。

五、实验数据

1. 记录和计算

记录实验设备及实验条件的相关参数,并记录实验数据于表 2-15 中。

实验设备名称:_____,设备编号:_____,室温:___℃,实验温度:___℃。
Ni-Cr 合金丝长:__cm,剩余 Ni-Cr 合金丝长:____cm,试样质量:__g。

表 2-15 实验过程中记录的温度　　　　　　　　　　　　　　　单位:℃

	1	2	3	4	5	6	7	8	9	10
初期										
主期										
末期										

2. 燃料发热量的计算

根据式(2-51)计算发热量。

六、实验注意事项

(1) 试样燃烧所放出的热量不仅能加热热量计中的水,而且也能加热热量计本身。因实验时必须考虑热量计本身吸热的水当量。

(2) 实验时,热量计中的水除了获得因试样燃烧而产生的热量外,还会由于水和外界发生热量交换。因此,在计算时必须对热交换时损失的热量进行校正。

(3) 实验时,氧弹内充有高压氧气,试样的燃烧情况与在一般热力设备中不同。这时,氧弹中的氮气(包括空气和燃料所含的氮)可以生成硝酸,燃料中所含的挥发硫可生成硫酸。这些酸生成时会放出反应热,在计算时须加以校正。

(4) 燃料燃烧产物中的水蒸气在氧弹中会凝结成水,放出汽化潜热。此热量在实际热力设备中不能应用,在计算时应该予以扣除。

(5) 实验应该在不受阳光照射的一个独立房间内进行,最好选择北面的房间,且带有双层玻璃及严密的门。室内不许安装加热设备,并尽可能减少室内气体的流动,减少室温的波动。

七、思考题

(1) 氧弹中为什么要放入10mL蒸馏水?多放或少放会带来什么问题?

(2) 向氧弹内充氧的速度为何要缓慢?

(3) 使用贝克曼温度计有什么优点?它能否测出温度的绝对值?

(4) 使用金属试样环时,为什么点火熔丝不能与试样杯直接接触?

第三章　测量误差与数据处理

开展实验不仅是要定性地观察实验现象,更重要的是要对实验数据进行定量地测量,并寻求各宏观物理量之间定性或定量的内在联系。受测量仪器、测量方法、测量人员等诸多因素的影响,对某一物理量的测量不可能是无限精确的,即测量中的误差是不可避免的。进行实验要掌握测量误差的基本知识,否则就不会获得正确的测量值;不掌握测量结果不确定度的计算,就不能正确表达和评价测量结果;不会处理数据或处理数据方法不当,就无法得到正确的实验结果。

本章主要介绍测量与误差实验数据处理。

第一节　测量与误差

一、测量及其分类

所谓测量就是将待测物理量与选作计量标准的同类物理量进行比较,得出其倍数的过程。倍数值称为待测物理量的数值,选作的计量标准称为单位。一个被测对象的测量值包括数值和单位两个部分。

测量方法可以分为直接测量和间接测量。直接测量是指从仪器或量具上直接得到测量结果的方法。例如:用温度计测量温度、用秒表测量时间、用天平测量质量等都属于直接测量。而有些物理量无法进行直接测量,待测量的数值由若干个直接测量量经过既定的函数关系计算后获得,这样的测量方法称为间接测量。例如:用皮托管测量风速,需要测量流过空气的动压、静压,根据测量仪器测量的平均动静压差来计算得到风速;若想计算流过的空气质量流量,还需要辅助测量空气温度及空气流动截面面积等物理量,风速及风量都是间接测量量。

物理量是否能直接测量并不是绝对的,随着科学技术的发展、测量仪器的改进,很多原来只能通过间接测量的量,现在也可以使用直接的方式测量了。

根据测量条件是否相同,测量又可分为等精度测量和不等精度测量。在相同的测量条件下进行的一系列测量是等精度测量。同一个人使用同一仪器,采用同样的方法对同一待测量进行多次重复测量,此时可以认为每次测量的条件相同,称之为等精度测量。在对某一待测量进行多次测量时,测量条件完全不同或部分不同,则各次测量结果的可靠程度不同的多次测量称为不等精度测量。在对某一待测量进行多次测量时,选用的仪器不同,或者测量方法不同,或者测量人员不同,都属于不等精度测量。事实上,在实验中保持测量条件完全相同的多次测量是极其困难的。但当条件变化很小或者某一条件的变化对结果影响不大时，仍可视为等精度测量。进行实验室实验目前都是近似等精度测量。

二、真值与误差

在一定条件下，任何一个物理量的大小都是客观存在的，都有一个实实在在、不以人的意志转移的客观值，称为真值。测量的目的就是要力图得到被测量的真值，但由于受测量方法、测量仪器、测量条件和观测者水平等诸多因素的限制，只能获得该物理量的近似值。也就是说，一个被测值 x 与真值 x_0 之间总是存在着这种差值，这种差值称为测量误差，即

$$\Delta x = x - x_0 \tag{3-1}$$

由测量所得的一切数据都毫无例外地包含一定数量的测量误差。没有误差的测量结果是不存在的。测量误差存在于一切测量之中，贯穿于测量过程的始终。随着科学技术水平的不断提高，测量误差可以被控制得越来越小，但永远不会降低到零。

从式（3-1）可以看出，测量误差 Δx 显然有正负之分。因为它是指与真值的差值，为与下面定义的相对误差相区别，常称为绝对误差，这就是"绝对误差"的来历。注意：不要把绝对误差与误差的绝对值相混淆。

绝对误差是一个有量纲的数值，它表示测量值偏离真值的程度，一般保留一位有效数字。

一般来讲，真值仅是一个理想的概念，只有通过完善的测量才能获得。但是，严格的完善测量难以做到，故真值就在很多情况下都难以得到，所以绝对误差的概念只有理论上的价值。这正是人们放弃以实际定量操作的"误差"和与绝对误差有关的概念，转而使用不确定度概念的基本原因。

"相对误差"术语也是我们常常听到的，它同样也是一个很难定量表示的词。

测量的相对误差定义为测量误差的绝对值与真值的比值，用 E_x 表示：

$$E_x = \frac{|\Delta x|}{x_0} \times 100\% \tag{3-2}$$

相对误差是一个无量纲量，常常用百分比来表示测量准确度的高低，因而相对误差有时也称为百分误差，一般保留一或两位有效数字。

三、误差的分类

根据误差的性质及产生的原因，可将误差分为如下 3 种。

1. 系统误差

系统误差是由某些固定不变的因素引起的。在相同条件下进行多次测量，其误差数值的大小和正负保持恒定，或误差随条件改变按一定规律变化。即有的系统误差随测量时间呈线性、非线性或周期性变化，有的不随测量时间变化。系统误差有固定的偏向和确定的规律，一般可按具体原因采取相应措施给予校正或用修正公式加以消除。系统误差的来源有以下几个方面。

(1)仪器误差:是由仪器本身的缺陷或没有按照规定条件使用仪器而造成的,如温度计零刻度不在冰点、仪器的水平或铅直未调整、天平不等臂等。

(2)理论误差:是由实验方法本身的不完善或测量所依据的理论公式本身的近似性而造成的。例如:推导理论公式时没有把散热和吸热考虑在内,称量轻物体的质量时忽略了空气浮力的影响,单摆周期公式 $T=2\pi\sqrt{\dfrac{l}{g}}$ 的成立条件是摆角趋于0,但实际做不到。

(3)环境误差:是由环境影响和没有按规定的条件使用仪器引起的。例如:标准电池是以20V时的电动势数值为标称值的,在30V条件下使用,如不加以修正,就引入了系统误差。

(4)个人误差:是由观测者本人生理或心理特点造成的,如动态滞后、读数有偏大或偏小的痼癖等。

系统误差按掌握程度可分为以下两种。

(1)已定系统误差:是指绝对值和符号已经确定,可以估算出的系统误差分量,一般在实验中通过修正测量数据和采用适当的测量方法(如交换法、补偿法、替换法和异号法等)予以消除,如千分尺的零点修正。

(2)未定系统误差:是指符号和绝对值未能确定的系统误差分量,在实验中常用估计误差极限的方法得出(这与后面引出的B类不确定度有大致的对应关系)。如仪表出厂时的准确度指标。它只给出该类仪器误差的极限范围,但实验者使用该仪器时并不知道该仪器误差的确切大小和正负,只知道该仪器的准确程度不会超过仪器误差的极限。对于未定系统误差,在实验中一般只考虑测量仪器的(最大)允许误差(简称仪器误差)。

系统误差按数值特征或其表现的规律又可分为以下两种。

(1)定值系统误差:这种误差在测量过程中,其大小和符号恒定不变。例如:天平砝码的标称值不准确等。

(2)变值系统误差:这种误差在测量过程中呈现规律性变化。这种变化,有的可能随时间变化,有的可能随位置变化,如分光计的偏心差所造成的读数误差就是一种周期性变化的系统误差。

系统误差的特征具有确定性和方向性,或者都偏大,或者都偏小。它一般应通过校准测量仪器、改进实验装置和实验方案、对测量结果进行修正等方法加以消除或尽可能减小。

系统误差是测量误差的重要组成部分,在任何一项实验工作和具体测量中,最大限度地消除或减小一切可能存在的系统误差是实验测量工作的主要任务之一,但发现并减小系统误差通常比较困难,需要对整个实验所依据的原理、方法、仪器和步骤等可能引起误差的各种因素进行分析。实验结果是否正确,往往在于系统误差是否已被发现和尽可能地消除,因此对系统误差不能轻易放过。

一般而言,应预见和分析一切可能产生系统误差的因素,并尽可能减小它们。例如:可以在实验前对仪器进行校准、对实验方法进行改进等;实验后对实验结果进行修正等。一个实验结果的优劣,往往取决于系统误差是否已经被发现或尽可能消除。在以后的实验中,对于已定系统误差,要对测量结果进行修正;对于未定系统误差,则尽可能估算出其误差限制,以掌握它对测量结果的影响。

2. 随机误差

随机误差也称为偶然误差和不定误差,它是由所选择的主要方案和已知的具体研究条件的总体所固有的一切因素引起的。在相同条件下做多次测量,其误差数值和符号是不确定的,表现为大小、符号上各不相同,可以说完全是一种偶然的无意引入的误差。但在大量重复测量时,各数据随机误差的大小和正负符合统计规律,因而它是一个随机变量。随机误差是由实验中各种因素的微小变动引起的,主要有以下几点。

(1) 实验装置的变动性:如仪器精度不高、稳定性差、测量示值变动等。

(2) 观测者本人在判断和估计读数上的变动性:主要是指观测者的生理分辨本领、感官灵敏程度、手的灵活程度及操作熟练程度等带来的误差。

(3) 实验条件和环境因素的变动性:如气流、温度、湿度等微小的、无规则的起伏变化电压的波动及杂散电磁场的不规则脉动等引起的误差。

这些因素的共同影响使测量结果围绕测量的平均值发生涨落变化,这一变化量就是各次测量的随机误差。随机误差的出现,就某一测量而言是没有规律的,当测量次数足够多时,随机误差服从统计分布规律,可以用统计学方法估算出。随着测量次数的增加,平均值的随机误差可以减小,但不会消除。实验数据的精确度主要取决于这些随机误差,因此,研究随机误差具有重要意义。

3. 过失误差

实验中,由于实验者操作不当或粗心大意,如看错刻度、记错数或计算错误等都会使测量结果明显地被歪曲。这种与实际明显不符的、由错误引起的误差称为过失误差或粗大误差。

由定义可以看出,严格地讲,粗大误差应该叫错误,它是能够通过实验者的主观克服的,错误不是误差,要及时发现并在数据处理时予以剔除。而系统误差和随机误差是客观的、不可避免的,只能通过实验条件的改善和试验方法的改进予以减小,它们是由客观环境和人的感官的局限决定的。

上述3种误差之间在一定条件下可以相互转化,例如:尺子刻度划分有误差,对制造尺子者来说是随机误差;一旦用它进行测量时,这尺子的分度对测量结果将形成系统误差。随机误差和系统误差间并不存在绝对的界限。同样,过失误差有时也难以和随机误差相区别,从而被当作随机误差来处理。

四、随机误差的分布规律与特性

随机误差的出现,就某一测量值来说是没有规律的,其大小和方向都是不能预知的,但对同一物理量进行多次测量时,则发现随机误差的出现服从某种统计规律。理论和实践证明,等精度测量中,当测量次数 n 很大时(理论上是 $n \to \infty$),测量列的随机误差多接近于正态分布(即高斯分布)。标准化的正态分布曲线如图3-1所示。

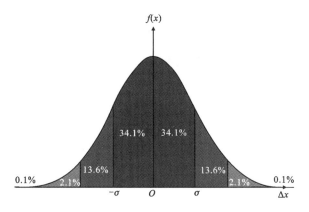

图 3-1 标准正态分布曲线

图 3-1 中横坐标 $\Delta x = x_i - x_0$ 表示随机误差,纵坐标表示对应的误差出现的概率密度 $f(\Delta x)$,应用概率论方法可导出:

$$f(\Delta x) = \frac{1}{\sigma\sqrt{2\pi}} \exp\left[-\frac{(\Delta x)^2}{2\sigma^2}\right] \tag{3-3}$$

其中:

$$\sigma = \sqrt{\frac{\sum \Delta x_i^2}{n}} \quad (n \to \infty) \tag{3-4}$$

式中:σ 称为标准误差;n 为测量次数。

服从正态分布的随机误差整体上符合下列统计特性。

(1) 有界性。在一定的测量条件下,绝对值(幅度)很大的误差出现的概率趋于零。

(2) 单峰性。绝对值(幅度)小的随机误差总要比绝对值(幅度)大的随机误差出现的概率大。

(3) 对称性。绝对值相等的正误差和负误差出现的概率相等。

(4) 抵偿性。当等精度重复测量次数 $n \to \infty$ 时,所有测量值的随机误差的代数和为零,即

$$\lim_{n \to \infty} \sum_{i=1}^{n} \Delta x_i = 0 \tag{3-5}$$

也就是说,若测量误差只有随机误差分量,即随着测量次数的增加,测量列的算术平均值越来越趋近于真值。因此,增加测量次数,可以减小随机误差的影响。抵偿性是随机误差最本质的特征,原则上具有抵偿性的误差都可以按随机误差的方法处理。

随机误差的大小常用标准误差表示。由概率论可知,服从正态分布的随机误差落在 $[\Delta x, \Delta x + \mathrm{d}(\Delta x)]$ 区间内的概率为 $f(\Delta x)\mathrm{d}(\Delta x)$。由此可见,某次测量的随机误差为一确定值的概率为零,即随机误差只能以确定的概率落在某一区间内。概率密度函数 $f(\Delta x)$ 满足下列归一化条件:

$$\int_{-\infty}^{\infty} f(\Delta x)\mathrm{d}(\Delta x) = 1 \tag{3-6}$$

所以误差出现在 $(-\infty, +\infty)$ 区间内的概率 P 就是图 3-1 中该区间内 $f(\Delta x)$ 曲线下

的面积：

$$P(-\sigma < \Delta x < +\sigma) = \int_{-\infty}^{+\infty} f(\Delta x) \mathrm{d}(\Delta x)$$
$$= \int_{-\infty}^{+\infty} \frac{1}{\sigma\sqrt{2\pi}} \exp\left[-\frac{(\Delta x)^2}{2\sigma^2}\right] \mathrm{d}(\Delta x) \quad (3-7)$$
$$= 68.3\%$$

该积分值可由拉普拉斯积分表查得。

标准误差 σ 与各测量值的误差 Δx 有着完全不同的含义。Δx 是实在的误差值，并不是一个具体的测量误差值，它反映在相同条件下进行一组测量后，随机误差出现的概率分布情况，只具有统计意义，是一个统计特征量，其物理意义为代表测量数据和测量误差分布离散程度的特征数。图 3-2 是不同 σ 值时的 $f(\Delta x)$ 曲线。σ 值小，曲线陡且峰值高，说明测量值的误差集中，小误差占优势，各测量值的分散性小，重复性好；反之，σ 值大，曲线较平坦，各测量值的分散性大，重复性差。

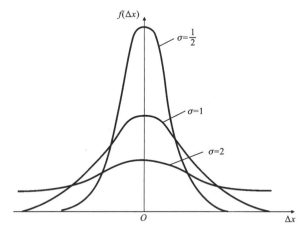

图 3-2　σ 对正态分布曲线的影响

式(3-7)表明，做任一次测量，随机误差落在 $(-\infty,+\infty)$ 区间的概率为 68.3%。区间 $(-\infty,+\infty)$ 称为置信区间，相应的概率称为置信概率。显然，置信区间扩大，则置信概率提高。置信区间取 $(-2\sigma,+2\sigma)$，$(-3\sigma,+3\sigma)$ 时，相应的置信概率 $P(2\sigma)=95.4\%$，$P(3\sigma)=99.7\%$。定义 $\delta=3\sigma$ 为极限误差，其概率含义是在 1000 次测量中只有 3 次测量的误差绝对值会超过 3σ。由于在一般测量中次数很少超过几十次，因此，可以认为测量误差超出 $-3\sigma\sim3\sigma$ 范围的概率是很小的，故 3σ 称为极限误差，一般可作为可疑值取舍的判定标准，也称作剔除坏值标准的 3σ 法则。

然而，实际测量总是在有限次内进行，如果测量次数 $n\leqslant20$，误差分布明显偏离正态分布而呈现 t 分布形式。t 分布函数已算成数表，可在数学手册中查到。t 分布曲线如图 3-3 所示。数理统计中可以证明，当 $n\to\infty$ 时，t 分布趋近于正态分布(图 3-3 中的 $n=1$ 那条线对应于正态分布曲线)。由图可见，t 分布比正态分布曲线变低变宽了；n 越小，分布越偏离正态分布。但无论哪一种分布形式,一般都有两个重要的数字特征量,即算术平均值和标准偏差。

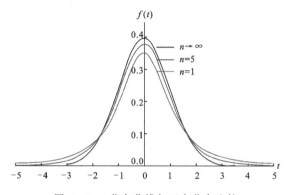

图 3-3 t 分布曲线与正态分布比较

设在某一物理量的 n 次等精度测量中,得到测量列为 $x_1,x_2,x_3,\cdots,x_n$,各次测量值的随机误差为 $\Delta x_i = x_i - x_0$。将随机误差相加:

$$\sum_{i=1}^{n} \Delta x_i = \sum_{i=1}^{n}(x_i - x_0) = \sum_{i=1}^{n} x_i - nx_0 \tag{3-8}$$

用 $\bar{x}$ 代表测量列的算术平均值:

$$\bar{x} = \frac{1}{n}(x_1 + x_2 + \cdots + x_n) = \frac{1}{n}\sum_{i=1}^{n} x_i \tag{3-9}$$

式(3-9)改写为

$$\frac{1}{n}\sum_{i=1}^{n} x_i = \bar{x} - x_0 \tag{3-10}$$

根据随机误差的抵偿特征,即 $\lim\limits_{n\to\infty} \frac{1}{n}\sum_{i=1}^{n} x_i = 0$,于是 $\bar{x} \to x_0$,可见,当测量次数相当多时,系统误差忽略不计时的算术平均值 $\bar{x}$ 最接近于真值,称为测量的最佳值或近真值。我们把测量值与算术平均值之差称为偏差(或残差) $\nu_i = x_i - \bar{x}$。

当测量次数 n 有限时,测量列的算术平均值仍然是真值 x_0 的最佳估计值。

由误差理论可以证明某次测量的标准偏差的计算式为

$$S_x = \sigma_x = \sqrt{\frac{\sum_{i=1}^{n}(x_i - \bar{x})^2}{n-1}} = \sqrt{\frac{\sum_{i=1}^{n}(\Delta x)^2}{n-1}} \tag{3-11}$$

这一公式称为贝塞尔公式。其意义表示某次测量值的随机误差在 $-\sigma_x \sim +\sigma_x$ 的概率为 68.3%,也即表示测量值 $x_1,x_2,x_3,\cdots,x_n$ 及其随机误差的离散程度。标准偏差 S_x(或 σ_x)小表示测量值密集,即测量的精密度高;标准偏差 S_x(或 σ_x)大表示测量值分散,即测量的精密度低。

$\overline{x}$ 是被测量的最佳估计值,但它与真值之间仍存在误差。由随机误差的抵偿性可知,$\overline{x}$ 的误差理应比任何一次单词测量值的误差更小些。

用平均值的标准偏差表示测量算术平均值的随机误差的大小,数理统计理念可以证明:

$$S_{\overline{x}} = \sigma_{\overline{x}} = \frac{\sigma_x}{\sqrt{n}} = \sqrt{\frac{\sum_{i=1}^{n}(x_i - \overline{x})^2}{n(n-1)}} \tag{3-12}$$

由式(3-12)可知,S_x 随着测量次数的增加而减小,似乎 n 越大,算术平均值越接近于真。实际上,当 $n>10$ 时,S_x 的变化相当缓慢,另外测量精度主要还取决于仪器的精度、测量方法、环境和测量者等因素,因此在实际测量中,单纯地增加测量次数是没有必要的。

五、测量的精密度、正确度和准确度

测量的精密度、正确度和准确度都是评价测量结果的术语,但目前使用时,其含义并不尽一致,以下介绍较为普遍采用的含义。

(1)精密度:表示多次重复测定某一量时所得测定值的离散程度。精密度通常用标准差和相对标准差来度量。精密度是表征随机误差大小的一个量。

(2)正确度:是指被测量的总体平均值与其真值接近或偏离的程度。它是对系统误差的描述,反映系统误差对测量的影响程度。系统误差小,测量的正确度就高。

(3)准确度:表示在一定测定精密度条件下多次测定的平均值与真值相符合的程度。准确度用误差或相对误差表示。它是表征系统误差大小的一个量,这就是说准确度的大(高)小(低),要用误差的数值来表达。正像"长度"或"距离"与长度单位(如 m 或 cm 等)是不同的概念一样,准确度与误差是两个完全不同的概念。"准确度"是国际上计量规范较常使用的标准术语。

第二节 实验数据处理

除某些观察实验外,对某一物理过程的实验研究,其直接结果是取得一系列的原始数据。一般地说,这些数据必须经过适当中间环节的处理、计算和转换,才能得到所需要的、表征研究过程的变量之间的依从关系。例如:在传热实验中,当用电加热器加热并用热电偶测量表面温度时,实验测量得到的原始数据将是一系列的加热器端电压和电流值,以及相应状态下的热电势值。它们不能直接显示出人们所需要的结果。也就是说,不能用这些测得的原始数据直接表征所研究过程的变量依从关系。只有将热电偶的热电势转换成相应的温度,并经过计算将热电偶的端电压和电流值折算成功率,进而折算成热流时,才能得到我们所预期的实验数据——温度和热流。

将预期的实验数据进行整理,首先应对所研究的现象进行理论分析。不过,这里不准备涉及这方面的内容,只是概括地阐明如何进行实验数据的整理。通常,可采用3种形式来表示实验数据之间的依从关系,即列表表示法、图线表示法和数学表达式表示法。而图线表示法和数学表达式表示法是密切相关的,因此,这里就不将这两种表示法分成单独的

两节来讨论。

一、实验数据的列表表示法

这里不妨将列表表示法稍加扩充,不只限于表示实验的最后结果。用表格表示实验数据,有3种类型的表格:记录原始数据的表格、由原始数据进行中间处理的表格和最终表征过程参数依从关系的表格。

原始数据的记录表格是后两种表格的依据,因此必须在实验中根据实验设计所确定的参数数目、参数变化范围严格地设计原始数据记录表格。设计和填写这种表格,必须注意如下事项。

(1)项目的完整性。表格中一定要有充分和必要的项目,全面地记录实验的工作状态(工况)和全部实验数据,并应包括实验日期、起止时间及参加人员名单。同时根据需要,记录下大气温度和压力等环境参数。因为遗漏任何一项记录数据,都可能导致整个实验的失败。

(2)单位的完整性。在表格的各个项目中,都必须注明使用的单位。没有单位的物理量是一个没有任何意义的数字。

(3)有效数字的合理性。有效数字的位数取决于测量的准确度。盲目地增加有效数字的位数,并不能提高实验数据的精确程度,而某些初次参加实验的人员却常常忽视这一点。

实验数据的中间处理表格的设计,应以便于数据整理为目的,表格应清楚地表明由原始数据到最后实验数据的处理过程。在表格中应特别注意中间计算和转换过程中单位的变换。

最后的实验数据表格是实验研究的精华,因此,必须简明地表明实验研究的结果。在表格中应明显地表示出控制过程发展的物理量与随之而变化的物理量之间的依从关系。有时,表格本身尚不能充分地表达全部实验结果,因此,还需要一些附加的说明列于表首或表尾。

由于计算机已被广泛地应用于实验研究,因此,原始数据、中间数据处理和最后的数据表格都可由计算机按预先编制的程序进行,并可将最后数据之间的依从关系绘制成各种图线或拟合成相应的数学表达式。

列表表示法是最简单的实验数据表示法,只要将根据原始数据整理的最后实验结果列出数据表格即可。但是,这种方法的缺点之一是不能形象地看出过程的发展趋势;第二个缺点是不如数学表达式表示的实验结果便于计算机计算,但这个缺点不是绝对的,往往有些实验数据是体现了复杂的依从关系,有时甚至无法用简单函数来表达最后结果,这时采用列表法可能更便于表达实验的结果;第三个缺点是实验结果表达的间断性,无法引用两实验点之间的数据,如果需要取得两点间的中间数据,就必须借助于插值法。常见的插值法有线性插值、差分插值、一元拉格朗日插值多项式、差商插值多项式、二元拉格朗日插值多项式、埃尔米特插值多项式及样条插值等方法。在一般工程中,当自变量间隔和因变量阶跃不太大时,都采用线性插值。

二、图线表示法

图线表示法是把实验数据之间的相互关系用图线表示出来。这种图线是根据坐标图中的实验点用适当的方法建立起来的。这里所采用的坐标图,一般常见的有直角坐标、半对数坐标、全对数坐标及极坐标等。这种方法的优点是从图线上可形象地看到各参数之间的关系和发展趋势,并可将实验结果适当外延。另外,在用图线来平滑实验点的过程中,可适当地消除部分随机误差。当然,这种方法也避免了表格法中实验结果间断的缺点。下面对图线法的一些基本知识加以说明。

1. 标度尺与比例尺的选择

标度尺是指图上单位线性长度或单位角度所代表的物理量。比例尺是指各坐标轴标度尺之间的比例。在作图表示实验结果时,必须首先选择适当的标度尺和比例尺。标度尺和比例尺的选择有一定的独立性,但两者又存在一定的关系。否则,不能恰当地描述实验数据的依从关系,甚至会引起误解。这里先举一例加以说明。例如:某一实验最后整理出来的结果是当 x 为 1,2,3 和 4 时,函数 y 值分别为 8.0,8.2,8.3 和 8.0,并选择 x 轴标度尺为图上每单位长度代表一个单位的 x 值,而 y 轴标度尺为图上每单位长度代表两个单位的 y 值。这时,上述实验结果表示在 x-y 坐标图上,如图 3-4a 所示。根据图上表示的实验结果,人们有理由把这些实验点连成一平行于 x 轴的直线,并可得出结论:实验证明 y 值与 x 值无关。但是,如果改换下标度尺,使 x 轴坐标的标度尺不变,而 y 坐标轴的标度尺改为图上每单位长度代表 0.2 个单位的 y 值。改换 y 轴标度尺之后,实验数据如图 3-4b 所示。根据图上实验点的位置,人们又有理由将实验结果连成抛物线,并认为实验证明 y 值受 x 值的影响,并在 $x=3$ 处出现 y_{max}。同样的实验数据,却得出了不同的结论。那么,哪一个结论正确呢?回答是两个结论都可能正确。这是否说明实验结果与所选择的标度尺有关呢?显然,回答是否定的。从表面上看,上述矛盾是由选择不同的标度尺引起的。但是,标度尺的选择实际上是与实验误差的估计密切相关的。

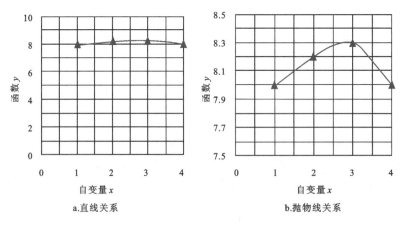

图 3-4 标度尺选择对表示实验结果的影响

仍以上例来说明如何正确选择标度尺。如果已知 y 的测量误差 $\Delta y=\pm 0.2$，x 值的测量误差 $\Delta x=\pm 0.05$，则上例的测量结果应为：当 $x_1=1\pm 0.05$，$x_2=2\pm 0.05$，$x_3=3\pm 0.05$，$x_4=4\pm 0.05$ 时，$y_1=8.0\pm 0.2$，$y_2=8.2\pm 0.2$，$y_3=8.3\pm 0.2$，$y_4=8.0\pm 0.2$。这时，如果把误差带也同时表示在图上，则图 3-4a 变成图 3-5a，并且图 3-4b 变成图 3-5b。从图 3-5 可以清楚地看到，不论选择什么样的标度尺，其实验结论都是一样的。根据图 3-5a 及图 3-5b，有理由认为把实验结果连成平行于 x 轴的直线是正确的。如果设法采取措施来减小 y 值的测量误差，那么，这些数字的意义就不同了。如果 y 值的测量误差不是 0.2，而是 0.02，则当 $x_1=1\pm 0.05$，$x_2=2\pm 0.05$，$x_3=3\pm 0.05$，$x_4=4\pm 0.05$ 时，$y_1=8.0\pm 0.02$，$y_2=8.2\pm 0.02$，$y_3=8.3\pm 0.02$，$y_4=8.0\pm 0.02$，仍按上述两种标度尺把这些数据分别画在图上，如图 3-6a 和图 3-6b 所示。这时，实验结果就不是直线，而应是具有最大值的曲线形式。从以上讨论可以得出如下结论：第一，标度尺要选择适当，否则就会出现图 3-5b 那样的情况，以如此长的一个"矩形"区域来代表一个实验"点"，显然是不合理的；第二，标度尺的选择与测量误差的大小有密切的关系。可以根据误差带选择标度尺和 $x-y$ 轴的比例，当 x 轴上的误差带与 y 轴上的误差带所构成的矩形接近正方形时，可以认为比例尺的选择是适宜的。

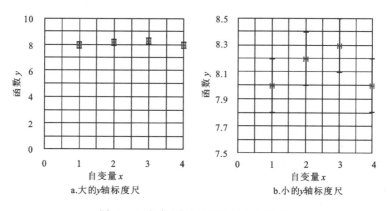

图 3-5　根据测量误差表示实验结果

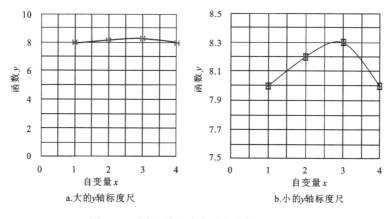

图 3-6　测量误差减小对实验结果的影响

下面讨论这个正方形的大小。一般情况下,测量误差带在图纸上大致占据 1~2mm 是合适的。比如测量温度沿杆长的分布,温度的测量范围是 0~100℃,其测量误差为 ±0.5℃,杆长为 200mm,其测量误差为 ±1mm。这时,如果取温度的标度尺为 10℃/mm,那么,±0.5℃ 在坐标轴上只占 0.1mm 的长度,在图上几乎无法辨认。如取温度标度尺为 0.01℃/mm,则 ±0.5℃ 的误差带将在坐标轴上占 100mm 的长度,这显然也是不适宜的。一般技术报告的用图具有 ±0.5℃ 的误差,以取 1℃/mm 的标度尺为宜,这时,测温误差带在图上占据 1mm,当杆长的标度尺取 2mm 时,长度 ±1mm 的误差带在图上也占据 1mm。这时,每个测量点的误差带在 $x-y$ 坐标图上形成 1mm×1mm 的正方形。但在很多情况下,难以全面满足上述要求。上述原则只能作为参考标准之一。如当测量参数变化范围很大时,首先应该考虑的是,要在有限的坐标纸上容纳全部实验数据。上例的测量范围为 0~100mm,根据误差带在坐标轴上占据 1~2mm 的原则,(100±5)℃ 的温度值在坐标轴上约占 101~202mm 的长度,这是一般坐标纸所允许的。如果测温范围为 0~1000℃,仍然以误差带在坐标轴上占据 1~2mm 的要求为选择标度尺的标准,那么,(1000±0.5)℃ 就要在坐标纸上占据 1m 的长度,这显然是一般坐标纸无法容纳的(这里不讨论测量 1000℃ 的高温是否能达到 ±0.5℃ 的测量误差)。这时就要根据坐标纸能容纳全部实验数据为原则,来选择坐标轴的标度尺和比例尺。如果兼顾两者,就只有将全部实验数据分成几段,分别画在几张坐标纸上,才能达到目的。

2. 图线的绘制

选择适当的标度尺和比例尺后,就可以把数据画在作图纸上。作图纸有直角坐标纸(即毫米方格纸)、对数坐标纸和极坐标纸等,可根据作图需要选择。在物理实验中比较常用的是毫米方格纸。

选好作图纸后,将这些离散的实验点连成光滑的图线,不严格的办法是,用曲线板或曲线尺作一图线,使大部分实验点围绕在该直线的周围。如果实验点在坐标图上的趋势是直线,则可利用直尺作直线,使大部分实验点围绕在该线的周围。在很多情况下,由于直线最易描绘,且直线方程的两个参数(斜率和截距)也较易算得,所以对于两个变量之间的函数关系为非线性的情形,在用图解法时应尽可能通过变量代换将非线性的函数曲线变为线性函数的直线。因此,这里将着重讨论直线的连接。

1) 图解法

用透明直尺作一直线,使大部分实验点尽可能近地围绕在该直线的周围,如图 3-7 所示。

该直线的数学表达式为

$$y = Ax + B \tag{3-13}$$

式中:A、B 为常数,A 称为斜率,B 称为截距。

有

$$A = \mathrm{tg}\varphi = \frac{\Delta y}{\Delta x} = \frac{y_2 - y_1}{x_2 - x_1} \tag{3-14}$$

$$B = \frac{y_1 x_2 - y_2 x_1}{x_2 - x_1} \tag{3-15}$$

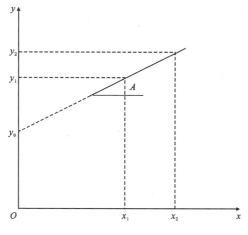

图 3-7 实验数据的整理

如果直线可延伸至 $x=0$,且与 y 轴相交于 y_0 处,那么 $B=y_0$。

这种方法虽然简单,但存在明显的缺点,因为凭直观围绕同一批实验点可能作出不同斜率和不同截距的直线。另外,这种方法没有提供一个判据来衡量所绘制直线对实验数据的拟合质量。不过,无论如何,这种方法总归是一种简单易行的方法。

2) 连续差值法

连续差值法是计算相邻两点实验数据的斜率,然后取全部斜率的算术平均值为最佳斜率并可求出最佳斜率的标准误差。该法的优点是给出了求直线斜率的规范化方法,排除了直观方法的任意性,同时给出了所作直线斜率的标准偏差,即给出了判断所绘制图线优劣的标准。但该法仍有明显的缺点,因为该最佳斜率取决于实验点中首、尾两点所构成的直线的斜率。而在实际实验中,往往是首、尾两点的数据的可靠性差。所以,必须对该法进行改进,这就是下述的延伸插值法。

3) 延伸插值法

这种方法是按照自变量将数据分成数目相等的两组,即高 x 值组和低 x 值组,高 x 值自变量编号为 $x_{H,1}, x_{H,2}, \cdots, x_{H,m}$,低 x 值组自变量编号为 $x_{L,1}, x_{L,2}, \cdots, x_{L,m}$,相应的 y 值为 $y_{H,1}, y_{H,2}, \cdots, y_{H,m}$ 及 $y_{L,1}, y_{L,2}, \cdots, y_{L,m}$。然后,两组中相应编号的 y 值相减,有

$$\Delta y_i = y_{H,i} - y_{L,i} \tag{3-16}$$

相应编号的 x 值相减有

$$\Delta x_i = x_{H,i} - x_{L,i} \tag{3-17}$$

求出它们的斜率 B_i 为

$$B_i = \frac{\Delta y_i}{\Delta x_i} \tag{3-18}$$

最后求出平均斜率值 B 为

$$B = \frac{\sum_{i=1}^{m} B_i}{m} \tag{3-19}$$

这种方法实质上是将高、低值组中的相应两点连成直线,然后求出这些直线的平均斜率,这样就避免了平均斜率只取决于数据首、尾两点的缺点。

4) 平均值法

这种方法与延伸差值法很相像,同样将 n 个数据分成两组,对任一组数据均可写成

$$y_i = A + Bx_i \tag{3-20}$$

对第一组数据 m 个方程相叠加,得

$$\sum_{i=1}^{m} y_{H,i} = mA + B\sum_{i=1}^{m} x_{H,i} \tag{3-21}$$

对第二组数据 m 个方程相叠加,得

$$\sum_{i=1}^{m} y_{I,i} = mA + B\sum_{i=1}^{m} x_{I,i} \tag{3-22}$$

由上述式(3-21)及式(3-22)可解出两个常数 A 和 B。当自变量 x 按等差级数分布时,平均值法与延伸差值法会得到同样的结果。

上述方法都比较简单,没有大量的计算,而且给出了一个较为客观的作图方法和评定标准。但是,在实验点较分散、实验误差较大的情况下,最小二乘法将是更有效的方法。虽然复杂程度增加了,但现已有专用的计算机程序。

5) 最小二乘法

最小二乘法是实验数据数学处理的重要手段。过去由于计算的烦琐,尚未充分显示出优越性,随着计算机和计算技术的飞速发展,最小二乘法已经广泛地应用在实验数据的整理过程中。最小二乘法建立在实验数据的等精度和误差正态分布的假设前提下。根据这一前提,进行了较为烦琐的数学推演与证明,得出了相应的定理和结论。但在实验应用中,人们常常不考察自己的实验误差是否符合正态分布。为了从实用角度很快地引出有实用价值的结论,这里略去最小二乘法的严格数学推演和证明,而着重从实用的角度,借助于推理的方法,直接得出最小二乘法的有用结论。

如果有一组测量数据,为第 i 点的测量值,X_{0i} 为该点最佳近似值,则该点的残差 V_i 为

$$V_i = A_i - X_{0i} \tag{3-23}$$

最小二乘法原理指出:具有同一精度的一组测量数据,当各测量点的残差平方和为最小时,所求得的拟合曲线为最佳拟合曲线

如果用一直线近似表示一批实验数据相互之间的依从关系,其直线可表示成

$$y = Bx + C \tag{3-24}$$

如果 x_i 处实验测量值为 y_i,与近似直线式(3-21)值相差为 $e_{y,i}$,则 x_i 处实验测量值可表示成

$$y_i = Bx_i + C + e_{y,i} \tag{3-25}$$

如果实验测量点为 n 个,则均方和(即残差平方和)S 为

$$S = \sum_{i=1}^{n} e_{y,i}^2 = \sum_{i=1}^{n} [y_i - (Bx_i + C)]^2 \tag{3-26}$$

根据最小二乘法原理,如果近似直线式(3-24)能满足 $\sum e_{y,i}^2$ 为最小的要求,则该式即

为最佳近似直线。从数学的角度来考察,欲选择式(3-26)中的 B、C,使之满足 $\sum e_{y,i}^2$ 最小,亦即必须满足下述两个条件:

$$\frac{\partial}{\partial B}\left[\sum e_{y,i}^2\right] = 0 \tag{3-27}$$

$$\frac{\partial}{\partial C}\left[\sum e_{y,i}^2\right] = 0 \tag{3-28}$$

将式(3-26)分别代入式(3-27)及式(3-28),得

$$\begin{cases} \sum x_i(y_i - Bx_i - C) = 0 \\ \sum (y_i - Bx_i - C) = 0 \end{cases} \tag{3-29}$$

式(3-29)称为正规方程,而

$$\begin{aligned} x_i(y_i - Bx_i - C) &= 0 \\ y_i - Bx_i - C &= 0 \end{aligned} \tag{3-30}$$

式(3-30)称为条件方程。应用实验数据,通过正规方程,便可求出拟合一批实验数据的最佳直线的斜率 B 和截距 C。

为了给出斜率的偏差,下面讨论斜率的标准误差。如果自变量具有相等的间隔,则标准误差为

$$e_0 = \left\{\frac{n\sum e_{y,i}^2}{(n-2)\left[n\sum x^2 - (\sum x)^2\right]}\right\}^{\frac{1}{2}} \tag{3-31}$$

仔细考察上述讨论可以看到,全部讨论都认为自变量 x 是无误差的,全部误差都集中在 y 上。在很多讨论最小二乘法的书中也认为 x 值是无误差的。但实际上,这种假设有时是不符合实际情况的。例如:在校验热电偶的实验中,将实验数据表示成 $E = f(T)$。在实验中,往往可以采用高精度的电位差计或数字电压表来测量热电势 E,可以达到千分之几甚至万分之几的精度。但要想把温度的测量精度提高到万分之几是不可能的,因为热源的均匀稳定程度和温度的测试手段都难以达到如此高的精度。在这种情况下,假设 y 值无误差才是合理的。如果假设 y 值是无误差的,全部误差集中在 x 上,于是 x 的均方和为

$$\sum e_{y,i}^2 = \sum \left(x_i - \frac{y_i}{B} + \frac{C}{B}\right)^2 \tag{3-32}$$

同样,根据最小二乘法原理,式(3-32)必须满足前面的式(3-27)和式(3-28)。

将式(3-32)分别代入式(3-27)和式(3-28),得到

$$\begin{aligned} \sum (B - x_i - y_i + C) &= 0 \\ \sum y_i(Bx_i - y_i + C) &= 0 \end{aligned} \tag{3-33}$$

这也是一组正规方程,同样可以通过它们求出最佳的近似直线。可见同一批实验数据存在两个最小二乘的解。哪一个更合适?需要对实验测量过程进行误差分析。如果某一坐标轴上的误差明显大于另一坐标轴上的误差,则应采用前一坐标轴上的最小二乘解。但在很多情况下,两个坐标上的误差是相近的,这时,应采用两者的平均值。

三、数据的线性化处理

由于线性方程的形式和图形比较简单,所以人们对直线有较强的判断能力。而当数据呈曲线分布时,由于曲线方程的形式五花八门,方程中各系数的变化又会使曲线形状截然不同,而且同一曲线方程在不同的域内形状各不相同,因此,凭直观很难准确地判断应把实验数据整理成什么形式的数学表达式。如果采取某种变换能把曲线形式的表达式转化为直线形式的表达式,那么,就可以利用对直线的处理方法来作图和确定表达式中的常数,然后再将得到的线性方程还原成原函数形式,这样会使拟合实验数据过程更简便,拟合的表达式更准确。可见,所谓的线性化处理,就是将任一函数 $y=f(x)$ 转换成线性函数 $Y=nX+C$,其方法是寻找一新的坐标系 X-Y,其中 $X=p(x,y)$,$Y=v(x,y)$,使 x-y 坐标系中呈曲线关系的实验数据在 X-Y 坐标系中呈线性关系。

为方便起见,下面列出热力学领域内可能遇到的曲线方程及其线性化方法。

1. 幂函数的线性化方程

$$y = Ax^n \tag{3-34}$$

其线性化方程为

$$Y = nX + C \tag{3-35}$$

式中:$Y=\lg y$;$X=\lg x$;$C=\lg A$。

当上述幂指数 n 值不同时,其曲线形状也将不同。当 $n>0$ 时,如图 3-8a 所示;当 $n<0$ 时,如图 3-8b 所示。按 X-Y 坐标整理实验数据,如图 3-9 所示。

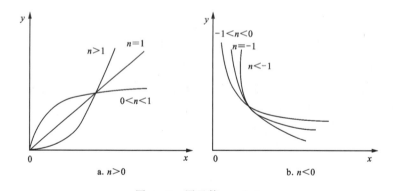

图 3-8 幂函数 $y=Ax^n$

根据线性化方程的性质有

$$n = \tan\varphi \tag{3-36}$$

可由任一点的 x,y 值求出 A,有

$$A = \frac{y}{x^n} \tag{3-37}$$

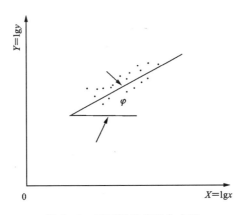

图 3-9 幂函数的线性化方程

从以上分析可以看出,对于幂函数分布规律的实验数据,用双对数坐标纸进行整理,就可以使实验数据呈线性关系。

2. 幂函数的另一种常用形式

幂函数的另一种常用形式是

$$y = a + Ax^n \tag{3-38}$$

其图形如图 3-10 所示。取 $X = \lg x$,$Y = \lg(y-a)$,则线性化方程为

$$Y = nX + C \tag{3-39}$$

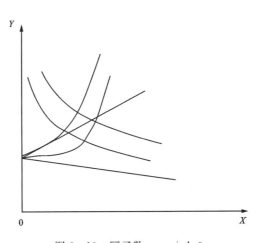

图 3-10 幂函数 $y = a + Ax^n$

式中,$C = \lg A$。

如果式(3-37)中常数 a、A 及 n 均未知,则需首先根据实验数据求出常数 a。a 的求法如下:取两点 x_1 及 x_2 和相对应的 y_1 及 y_2 值,然后再取第三点 $x_3 = \sqrt{x_1 x_2}$ 及相对应的 y_3 值,于是

$$a = \frac{y_1 y_2 - y_3^2}{y_1 + y_2 - 2y_3} \tag{3-40}$$

a 值已知后,便可按 X、Y 整理实验数据,并可在 X-Y 坐标系中求得 A 及 n。

3. 指数函数的线性化方程

已知指数函数形式为

$$y = A e^{nx} \tag{3-41}$$

其图形如图 3-11 所示。取 $X = x$,$Y = \ln y$,于是得其线性化方程为

$$Y = nX + C \tag{3-42}$$

式中,$C = \ln A$,或取 $X = x$,$Y = \lg y$,则其线性化方程为

$$Y = 0.043\,43 nX - C' \tag{3-43}$$

式中,$C' = \lg A$。

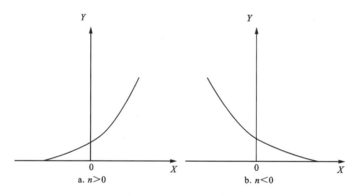

图 3-11 指数函数

由以上分析可以看到,用单对数坐标纸整理实验数据,便可呈现直线形式。至于方程中的常数 A 及 n 的确定,这里不再赘述。

4. 多项式的线性化处理

已知多项式的形式为

$$y = a + bx + cx^2 \tag{3-44}$$

取 $Y = \dfrac{y - y_1}{x - x_1}$,$X = x$,代入上式,于是其线性化方程为

$$Y = (b + cx_1) + cX \tag{3-45}$$

式中:x_1、y_1 为已知曲线上的任一点坐标值。

通过在 X-Y 坐标系中整理数据,可以得到线性方程的斜率 c 与截距 $(b + cx_1)$。由于 c 与 $(b + cx_1)$ 已知,故可解出 b 值。a 可采用下述方法求得,取 n 组数据,于是式(3-44)可表示成

$$\left.\begin{array}{l} y_1 = a + bx_1 + cx_1^2 \\ y_2 = a + bx_2 + cx_2^2 \\ \quad \vdots \\ y_n = a + bx_n + cx_n^2 \end{array}\right] \tag{3-46}$$

所以有

$$\sum_{i=1}^n y_i = na + b\sum_{i=1}^n x_i + c\sum_{i=1}^n x_i^2 \tag{3-47}$$

于是得

$$a = \frac{\sum_{i=1}^n y_i - b\sum_{i=1}^n x_i - c\sum_{i=1}^n x_i^2}{n} \tag{3-48}$$

表 3-1 给出了一些其他常用的非线性拟合函数线性化的方法。

表 3-1 常用的非线性拟合函数线性化的方法

非线性拟合函数的形式	对非线性化拟合函数线性化为 $Y=A+BX$	采取的变换
$y=a+b\ln x$	$y=a+b\ln x$	$X=\ln x, Y=y, A=a, B=b$
$y=a+\dfrac{b}{x}$	$y=a+\dfrac{b}{x}$	$X=\dfrac{1}{x}, Y=y, A=a, B=b$
$y=(a+bx)^{-2}$	$y^{-\frac{1}{2}}=a+bx$	$X=x, Y=y^{-\frac{1}{2}}, A=a, B=b$
$y=\dfrac{1}{1+ab^{bx}}$	$\ln\left(\dfrac{1}{y}-1\right)=\ln a+bx$	$X=x, Y=\ln\left(\dfrac{1}{y}-1\right), A=\ln a, B=b$

主要参考文献

郭兴家,熊英,2019.实验数据处理与统计[M].北京:化学工业出版社.

黄敏超,胡小平,2009.热工实验教程[M].长沙:国防科技大学出版社.

宋福元,2012.热能工程专业实验实训教材[M].哈尔滨:哈尔滨工程大学出版社.

袁艳平,曹晓玲,孙亮亮,2013.工程热力学与传热学实验原理与指导[M].北京:中国建筑工业出版社.

战洪仁,李雅侠,王立鹏,2019.热工实验原理与测试技术[M].北京:中国石化出版社.

张荻,唐上朝,吴青平,等,2013.热与流体实验教程[M].西安:西安交通大学出版社.

张国磊,2012.工程热力学实验[M].哈尔滨:哈尔滨工程大学出版社.